突 破 认 知 的 边 界

讨好自己，婉拒一切不开心

辛岁寒 著

文化发展出版社
Cultural Development Press
·北京·

前 言

很多时候，我们过得不开心仅仅是因为我们缺乏说"不"的勇气。

在生活中，我们经常会遇到一些不想做的事儿，但碍于面子又不得不顺应别人的心意，过后心里不舒服的只有自己。我们常常成全了别人，委屈了自己。殊不知，我们不可能让每个人都喜欢，我们所有的努力与选择，都应基于对自己的爱。

本书从 31 个角度切入生活，以丰富而典型的案例和温情而有力量的文字帮助读者悦纳自己、勇敢说"不"。

目 录
CONTENTS

1

你不必让每个人都喜欢你，尤其是那些无关紧要的人

第一章

不在意你的人，为什么要去讨好	002
不懂得体谅别人的人，不值得交朋友	009
爱嚼舌根的人，离得越远越好	014
说话不靠谱的人，疏远他就对了	021
不可一世的人，最好躲着走	027
不合群的你，真的好酷	033

2

如果讨好别人有用，还要实力干什么

第二章

实力过硬，你就是自己的人脉	040
与其学说漂亮话，不如把事儿干漂亮	046
别人没想到的，才是你应该去做的	054
职场是残酷的小社会，你必须突出重围	059
走出舒适区，才能为自己遮风挡雨	067
告别无效努力，才能看见人生转机	074

3

有人当好人上瘾，就有人占便宜没够

第三章

你的善良，必须带点锋芒	082
一时强硬不起来，可以先假装不好惹	088
任何时候，别忘了给别人一个台阶	096
一直给别人添堵的人，早晚吃苦头	103
警惕起来，别被坏情绪拖累	110
事事有回应，是最基本的素养	117

4

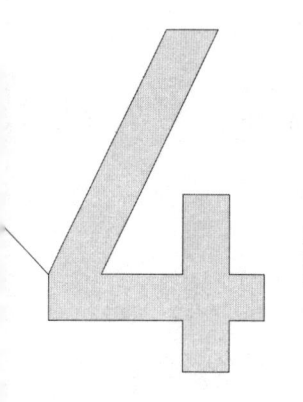

从无精打采到元气满满，原来快乐可以这么简单

第四章

无论生活如何，先去寻找快乐	126
日子越难熬，心态越要稳	132
培养好习惯，完成元气满满的蜕变	139
高段位的人生，要爱己又爱人	145
恰到好处的仪式感，是对生活的加冕	150
有行动力加持的人生，才不会失去活力	156
生活没那么美好，但也没那么糟	163

5

我们所有的努力与选择，都该基于对自己的热爱

第五章

懂你的人，才配得上你的余生	172
别被标签束缚，取悦自己才是正经事儿	177
学着静下来，别让浮躁扰乱你的初心	184
怎样利用空闲时间，决定未来做怎样的自己	191
一个人最大的成功，是按喜欢的方式过一生	198
在自己的世界里，我们有权利让自己成为主角	206

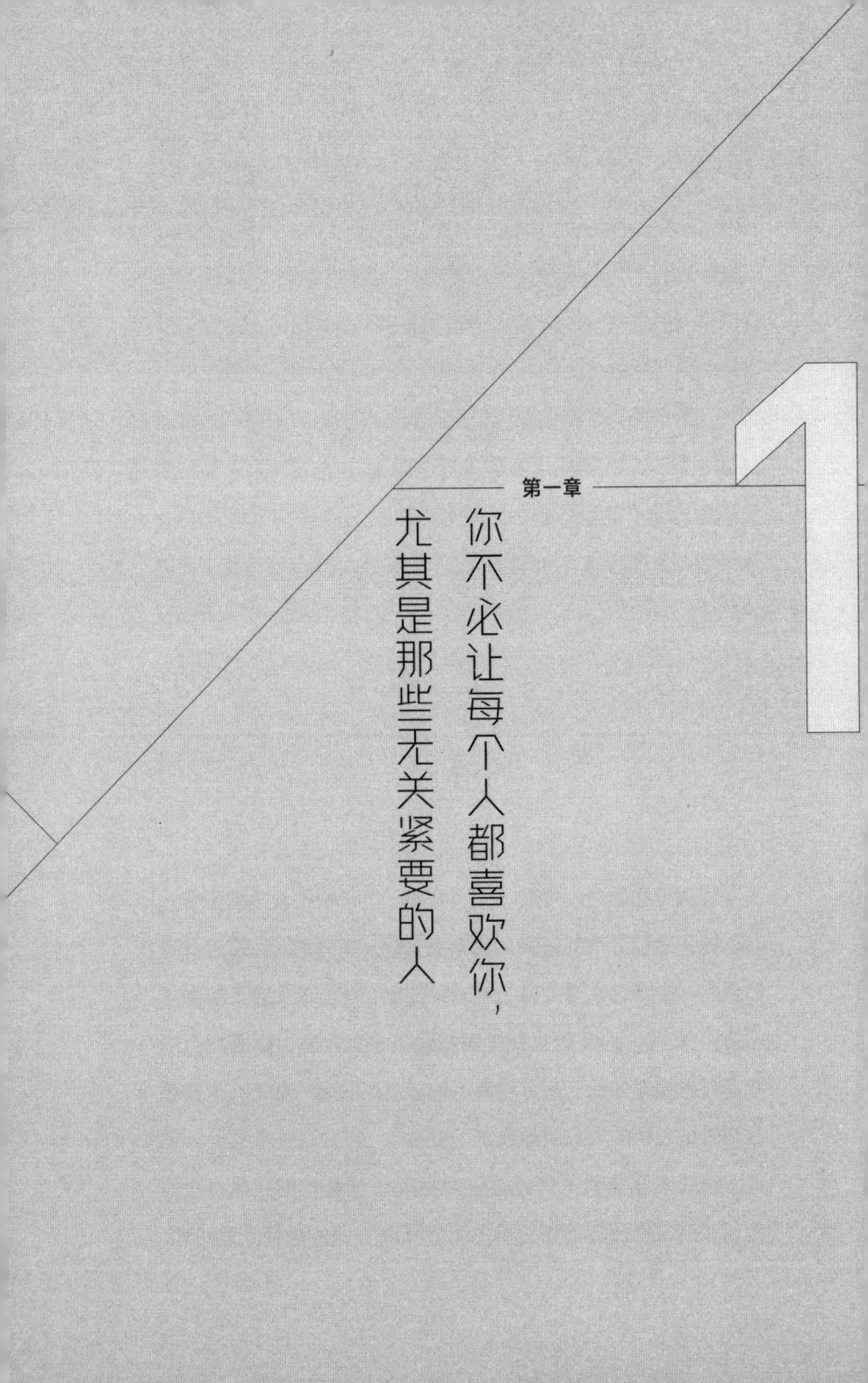

第一章

你不必让每个人都喜欢你，尤其是那些无关紧要的人

1

不在意你的人，
为什么要去讨好

1

在遇见我的先生之前，我"死磕"了一段不合适的爱情。

遇到这段爱情的时候，我刚上大学，情窦初开，看着身边的朋友一个个都在寻找另一半，我便也在朋友的撮合下接触了对方。其实，一开始我就觉得我俩不是太合适，过于直爽的我和扭扭捏捏的他，怎么看都不像能走到一起的样子，但我还是抱着试一试的心态和他确定了关系。

很快我感受到了我们之间的距离。我喜欢的和他喜欢的大相径庭，离开游戏我们几乎无话可说。我们也分开过两次，却总是因为经常见面而莫名其妙地复合。

女孩子感情总是慢热型的。在精力的日渐投入和朋友的不断撮合中，我们最后一次复合，这时我觉得自己可能放不下他了，但那时的我不知道，我所谓的放不下其实只是不甘心，而我却误以为这就是爱情。

对方一日一日地变冷淡，而我也终日以泪洗面，在某一天，我终于醒悟了过来。我选了一个阳光明媚的下午和对方正式做了告别，并开启了治愈自己的道路。我发现，在放下这段感情后，我虽然难过，却也产生了从未有过的轻松感，我忽然就明白了，当两个人真的不合适时，再怎么磨合也于事无补。

石头永远磨不成金子，合适的爱情从一开始就不会让你那么累。就像后来我遇到现在的先生时一样，我们吃的、想的、喜欢的，都那么默契，他永远知道我在想什么，也永远知道我需要什么，和他在一起的每一天都像在过情人节。

好的爱情，是会让你开心和幸福的，而遇到一段不合适的感情时，你要学会适时放下，才能让真爱来临的时候不会显得那么拥挤和小心翼翼。

2

慧慧喜欢上了一个非常优秀的男生，可惜两人异地，只有工作不忙的时候彼此才能见上一面。慧慧非常珍惜彼此见面的机会，每次都把自己打扮得美美的，还不忘给男友带各种精心准备的小礼物。

某一天，慧慧凌晨3点给我打电话，哭诉男生对她的冷淡："在一起的时候，我俩跟其他热恋中的普通小情侣并没有什么区别，很甜很甜，可是一旦分开，他瞬间就冷淡下来，回我一条消息要很长时间。我不止一次地想跟他认真讨论这个问题，可得到的总是敷衍和不耐烦。"

我骂她："你清醒点儿！你仔细想想，这样的他真的喜欢你吗？"慧慧反驳我："他真的很喜欢我，我们在一起的时候他对我可好了。我觉得就是因为我俩相隔太远他才会变成这样的，所以我决定向公司请求调岗到他所在的城市。"

我一再劝阻，让她不要冲动，可慧慧依然向公司申请了调岗，并将这个消息告诉了男友。

结果不出我所料。男生一听到慧慧要去他所在的城市，立马就慌了。他一边找各种理由拒绝慧慧，一边又哄着慧慧，最终两个人吵得越来越厉害，甚至闹到要分手。慧慧妥协：

"那我不去你的城市了，你能不能别跟我分手？"

为了挽留住男友，慧慧又向公司申请取消调岗。公司高层在了解到慧慧变卦的始末后，把原本要重点培养她的计划全部打消了，原本前途光明的慧慧彻底变成了一个无人理会、处处被领导低看一眼的人，而她的爱情最终也无疾而终。

事情过去一年了，慧慧还没有走出来，我问过慧慧："你后悔吗？"慧慧回答我："后悔。有的人在察觉到不合适的时候就该放下了。"

感情的路上从来没有一帆风顺，有太多事情会影响彼此的关系。有时候，或许我们坚持一下就能看到黎明的曙光，亦如当年我和先生的异地恋，我们二人也是凭着死磕到底的勇气才走到了今天。可是什么时候我们该学着放下？那就是当你发现这段感情不合适、不真诚的时候，放手才是真正的智慧。它能防止你付出了全部却什么都得不到，也能防止你把自己弄得遍体鳞伤。

对待一段感情，你既要学会坚持，也要学会放下。如此，你才能在感情之路上寻得良配。

3

再见姗姗,她还是那个风里来、雨里去的潇洒女孩儿。

这已是她近一年来的第七次旅行。这一次,她带回来一个高大腼腆的大西北男孩,她对我说:"这一次我找的男友还可以吧?"我笑着回她:"真不错。"

记忆又回到了当年。

当年的姗姗是一个非常痴情的人。为了喜欢的男孩,她可以清早起床跑很远的路去给对方买早餐,不管多晚都要等对方下课,节省三个月的零花钱给对方买跑鞋……为了让男友的妈妈认可自己,姗姗还厚着脸皮百般讨好,可一次又一次的等待,换来的却是男友冷冰冰的一句:"我妈不同意咱们结婚。"

姗姗很生气,可她并没有我想象中那般"恋爱脑"。她冷静地思考了一晚上,列出了男友的优点和缺点,并设想了一番二人未来的生活,姗姗发现,自己根本看不到自己和男友的未来。于是那般深情的她毅然和男友分手了。

分手后的姗姗很痛苦,但比起跟男孩在一起时的痛苦,姗姗说:"分开挺好的,彼此都舒服。"

后来,男孩又找过姗姗几次,姗姗有些动摇,可现实无法跨越的鸿沟横亘在两人之间,姗姗苦苦挣扎后最终放弃了复合,她拒绝了男孩,并且再也没有回头。

放手以后的姗姗离开重庆,奔向一线城市,她在商界厮杀的同时,也在认真寻找着自己的爱情。姗姗开始认识越来越多的人,越是这样,她越能明白自己到底想要什么。是的,她在寻找的,是那个和自己的灵魂高度契合的人。

姗姗说:"除了那个人,我谁也不要。"

寻寻觅觅的第四年,姗姗终于觅得了自己的另一半。这一次,她决意和对方相爱一生。

很多人都说自己在爱情里饱受苦楚。其实换位思考一下,就会发现很多苦楚都是自找的。爱情从来都不是雪中送炭,而是锦上添花。可太多人把它当成了前者,以至于别人稍微对自己好一丁点儿,自己就开始掏心掏肺地付出。

4

曾经有一个读者发私信问我:"在爱情中,我一直在学着做个懂事的女孩儿,从来不作、不闹,可他总不给我好脸色。他是不是认定了我无法离开他,所以就肆无忌惮地伤害我?"

"越是懂事，越没糖吃"，这种现象无论是在爱情中，还是在亲情、友情中，都很常见。明明需要被安慰、被照顾、被爱，却因为害怕对方讨厌这样的自己而压抑内心的需求，长此以往，身心俱疲的终究只能是自己。

在爱情中，不在意你的人没必要讨好，及时止损才是真正的智慧。

柏拉图说："如果不幸福、不快乐，那就放手吧。人生最遗憾的，莫过于轻易地放弃了不该放弃的，固执地坚持了不该坚持的。"

该执着时执着，该放手时放手。适时地放下不会让人觉得你懦弱，相反，这样的人生真的太酷了。所以放弃讨好别人，勇敢地做自己，勇敢地去认识下一个自己该认识的人吧，然后在某一个阳光明媚的午后，穿上一身漂亮的衣裳，蓦然回首，看到那个命中注定的人。这样豁达乐观的人生，才会让生活增加更多的绚烂多彩和拥有完美结局。

不懂得体谅别人的人，不值得交朋友

1

前段时间，我陷入了人际交往的困境之中。

在一次聚会上，我见到一个跟我相识很久但挺长时间没见面的朋友，一见面她就阴阳怪气地对我说："哎哟，大忙人，见你一面可真不容易啊。"我赶紧跟她寒暄，可聊了没几句她就故意把我晾在一边，和同行的其他人聊得火热。

这让我心里很不是滋味、很自责，因为毕竟我们曾经是非常亲密的朋友，像连体婴儿一样恨不能时时粘在一起。我想，或许确实是因为我最近太忙了，没有认真经营我们之间的关系，才导致了彼此的疏远。

　　这样的自责持续了一个多星期，直到我见到了另一个两年多没见过面的前同事才幡然醒悟。真正好的关系并不需要小心翼翼地刻意去维护，它就如同爱情，情不知所起，却终于人品和魅力。

　　这世上哪有什么因为太忙而疏远的关系，有的只是他从不体谅你的难处，只知道埋怨你对他的忽略。这就好比你已经面临着不努力工作就吃不起饭的窘境，他却还非要你拿出工作的时间陪他玩儿，当你做不到时，他就开始怨恨你、排挤你……

　　跟懂得体谅与不懂得体谅的人相处，是两种不同的体验。

2

　　因为工作的关系，我和林华见过多次，可跟她的每次相处都会让我感到很不舒服。

　　林华其实也没做多大的恶事儿，不过就是走路的时候被路人撞了一下，她会转身粗鲁地骂对方几句；在外面办事儿时，她用过的咖啡杯或纸巾总是随手一扔，完全没想过要把垃圾扔进垃圾桶里；去餐厅吃饭，刚等上十分钟她就又是抱怨又是找店家的麻烦……

看到她这些行为时，我也劝过她："每个人讨生活都不容易，学着体谅一下别人不行吗？"林华则更生气："我凭什么体谅他们？他们不容易难道我就容易了吗？况且我扔垃圾，有环卫工人打扫，这是他们的本职工作；我去餐厅吃饭就应该催店家，不催的话，这些人就不会知道我还饿着肚子呢！还有你干吗总为这些人说话？"

看她如此固执，我明白了她跟我不是一类人，她不是我应该去结交的朋友。于是我慢慢地和她拉开了距离。

3

对比林华，张毅算是一个很能理解别人、很会照顾别人情绪的人。

张毅是我曾去某公司谈合作时认识的，如今他已经升职做了该公司的主管，还被他手底下的人追捧为"男神"。张毅这个"男神"如此受欢迎，不仅仅是因为他的工作能力强，还因为他有一颗总是体谅别人的心。

张毅的前任主管每次在员工犯了错误之后，对他们不是责骂就是训斥，可张毅上任之后却总能恩威并施。公司里有人犯了错，张毅总是一脸严肃地当着众人的面把犯错的人叫走，在办公室了解完事情的始末之后，张毅又能和对方一起想弥补的对策——但事后，他也会针对该员工的错误作出相应的处罚。

我问张毅这样做的原因，他告诉我："员工犯了错，领导只发火是没有用的。出来工作的人，每个人都不容易，所以如果能够把事情解决之后再作出处罚，就可以让处罚变轻很多。错误已经更正了，处罚也没想象的那么严重，这样他们的心里会好受一些。"

对此，我深以为然。再联想到生活中的张毅，他能成为受员工拥戴的主管似乎更有迹可循了。

生活中的张毅，别人磕碰到他，他从来不会生气，而是先听别人解释，若对方给出的解释合理，他也不会追究；女朋友因为工作忙碌无法照顾父母，他就隔三岔五地去看望女朋友的父母，帮他们做些力所能及的事儿……他的真诚，他的贴心，就像汩汩细流滋润着他和他周围的人。

4

亦舒在《我们不是天使》中写道:"一个成熟的人往往发觉可以责怪的人越来越少,人人都有他的难处。"

这是我们人生的写照。

仔细观察周围的人你会发现,不成熟的人总是很少顾及别人在想什么,他们不懂得体谅别人的难处,也不会为了别人而换位思考。一个不懂得体谅的人,当你和他相处的时候,他很少会给你尊重;当你需要他帮助的时候,他很难会对你伸出援手;当你们的利益产生分歧的时候,他更不可能站在你的角度为你考虑一分一毫。

一个人人品怎么样,一段关系让你舒不舒服,你是能感受到的。能和处处懂得体谅的人相处,你会感到真的太轻松了。然而我们也要明白,懂得体谅并不等于懦弱,一味地索取或者一味地退让都不可取,正确的做法应该是互相体谅、互相帮助、互相成全,我体谅你生活的艰辛,你体谅我生活的不易,如此,生活才能过得更温暖些。

我们的一生很短,多和懂得体谅的人在一起吧,无论亲情、友情还是爱情。

爱嚼舌根的人，离得越远越好

1

朋友苍苍有一段时间经常给我打电话诉苦，内容主要是倾诉她婚后和婆婆住在一起的生活。

婆婆每天都会准时把一大家子的饭菜做好，挺辛苦的，但她有个毛病，就是总喜欢边做饭边念叨自己命苦，而话里话外的意思就是儿子、儿媳妇不孝顺，说什么同龄人都在玩儿，就她还在服侍一大家子人这种话。还有婆婆每天都会把家里打扫得干干净净的，可她对外人谈起苍苍的时候，常常添油加醋地说苍苍如何不爱干净。婆婆喜欢带着孙子出去玩儿，但总是在回家以后有意无意地以"儿媳妇不带孩子"为由，在儿子和儿媳之间挑拨离间。

好在苍苍的老公并不是"妈宝男"，他非常了解妻子在家庭中的贡献，总是在中间努力调解。可这样婆婆又不高兴了，时常摆出一副我付出了这么多却得不到理解、委屈巴巴的样子。

苍苍气极了："她那张嘴真的太气人了！明明干了很多活儿，确实挺值得我们敬重的，可她那张嘴是真不招人待见！"

为了避免家庭矛盾，苍苍和老公决定，哪怕两个人辛苦点儿，也不再和婆婆住在一起了。这样做的后果是苍苍和老公成了婆婆朋友圈里最不孝顺的儿媳和儿子，婆婆逢人就要一把鼻涕一把眼泪地诉说自己的委屈。

事实上，管不住自己的嘴，付出得再多也会在碎碎念中被消磨掉。没有人喜欢一句话重复听几十遍，也没有人喜欢一个总在背后议论别人的人。

2

做一个管住嘴的人有多重要呢？小白曾经给我讲了一个关于她的老同事的故事。

讨好自己，
婉拒一切不开心

　　老同事名叫程一，在小白初入公司时，程一已经是工龄四五年的老技术员了。可这样的程一在公司的职位仍然处于最底层，甚至连小白都可能很快就超越他。对此，小白觉得很奇怪。后来小白才慢慢地了解到，表面看起来沉稳的程一其实是个非常喜欢在背后捅刀子的人，他不仅爱讲领导的坏话，甚至连身边同事的家事也要拿出来议论。

　　程一变得彻底不招人待见，是因为有一次他造谣某个女同事插足经理家庭。

　　那时，公司给某部门经理招了一个身材又好又漂亮的女秘书，很多男士都对这个女秘书有好感，身为男同胞的程一也不例外。

　　因为工作的关系，程一和女秘书走得很近，听闻女秘书还没有男朋友，程一便开始对女秘书疯狂示爱，不仅上下班接送女秘书，还经常给女秘书送礼物，闹得整个公司尽人皆知。可女秘书却在程一正式表白的时候拒绝了他，程一气极了，有一次看到女秘书和经理走得很近，便百般造谣女秘书傍上经理、插足经理的家庭等，还把故事讲得精彩万分。等有人私底下向他打听女秘书的人品时，他也不为对方辩解，反而露出意味不明的微笑。于是，流言蜚语四起，秘书和经理最终不堪其扰，先后选择了辞职。

　　可就在这件事儿后，所有的同事都很有默契地对程一疏远了起来。程一非常委屈:"我做错了什么?怎么大家都这样对我?"

起初,没有人帮程一解答这个问题,直到新人小白实在忍不住了,才在一次私下沟通中说出了大家对他的看法。而程一呢,在听到大家都说很忌惮自己那张爱嚼舌根的嘴后,当场就红了脸,第二天便向公司提出了辞职。

古语曾说:"静坐常思己过,闲谈莫论人非。"在一个人成为造谣的源头和帮凶时,他的形象在别人心里也会大打折扣,这实属自讨没趣。

3

在大学里,我曾认识了隔壁学院的一个女生——奇妙。奇妙给我最大的感受就是她是一个管不住自己嘴的人。

几乎所有能说的、不能说的,奇妙都能说得出来。

比如,谁的穿着打扮让她看不惯了,她就跟室友说:"×××穿得像个夜店女郎。"比如,她觉得室友的男友配不上室友,她不仅在室友面前诋毁其男友,还到处宣扬这个男生抠门儿,室友是在"扶贫"等。这些话让很多人都觉得她的室友找了一个"渣男",纷纷为其鸣不平。其实,奇妙没有别的意思,她这么做完全是想让室友找一个更好的男友。可经她这么一宣扬、一传播,她的好心就办了坏事儿。

奇妙的室友一再地忍她,也曾差点儿听信了她的话而跟自己的男友分手。好在室友还算理智,她意识到自己的男友是一个虽然没什么钱却愿意为自己付出很多的人,仔细想了想又断了要和男友分手的念头。

想清楚之后的室友把自己的想法告诉了奇妙,可奇妙只一门心思地认为室友是被恋爱冲昏了头脑。终于有一天,室友忍无可忍,跟她大吵了一架,两人从此老死不相往来。

奇妙委屈极了,实在气不过自己的好心这么被人误解,于是转身就开始跟别人说室友的坏话。那些话听起来不仅刺耳,而且明眼人一看就知道这其中夹杂着不少杜撰的成分。渐渐地,寝室里没人愿意再跟奇妙多接触了。奇妙难过不已,但也没人再同情她。不久,关于"奇妙这人就爱在背地里嚼舌根"的言论传遍了整个学院,她这才体会到了背地里嚼舌根的伤害性有多大。

网上曾流行过一句很火的话:"如果你是我,你未必有我大度。"是啊,这个世上没有真正的"我懂你",也许只有等事情落到自己身上的时候,我们才能真正明白它到底是一种什么样的滋味。

你不是我，你怎知我的生活，怎能替我决定我的人生。如果我们能够明白这个道理，也许才能真正地学会管住自己的嘴，远离不必要的是是非非。

4

曾经读过一本童话故事书《父子赶驴》。

父亲和儿子赶着驴去集市。有一个路人看到了就笑话他们："这两个人笨死了，不知道骑着驴走。"父亲听到了他的话之后，立刻把儿子抱到驴上面，让儿子骑在驴上继续赶路。

过了一会儿，另一个路人看到了他们，又说："这个儿子真不孝顺，自己骑驴，让父亲走路。"父亲听了，就让儿子下来，自己骑了上去。结果又遇到一个人骂他："这个老东西，居然让儿子吃苦，自己享福。"父亲一听这话，赶紧把儿子抱上来，俩人一起骑着驴走。

谁知，一个老婆婆见到这情形心疼地说："这爷儿俩真造孽，这么一头瘦驴，怎么受得住两个人的重量。"无奈，父亲只好和儿子一起抬着驴走。刚好要过河的时候，又有人说："这两个人怎么这么蠢？居然抬着驴赶路。"父亲听了，心里一慌，脚下一滑，和儿子、驴一起掉进了河里。

这个故事很好地说明了一个道理：这个世上有无数张嘴，无论你做什么，做得对还是错，做得好还是差，只要你不顺从某些人的意思，他们就会对你百般挑剔，你永远无法堵住所有人的嘴。

有人的地方就有江湖，有江湖的地方就有是非。我们身处世间，无法摆脱是非场，但我们可以做是非的终结者，管好自己的嘴，远离爱搬弄是非的人。

或许你要问，具体该怎样做呢？

也许，最简单的方式就是从不传谣开始。做一个远离是非、懂得适时闭嘴的人，听到谣言要有自己的判断，不轻易去相信一些莫须有的东西，不知道的不说，没证据的不传。

管好自己的嘴，也远离爱嚼舌根的人，不轻易论人是非，这是对别人负责，也是你自身涵养的体现。要知道，诋毁别人的形象，也是在损毁自己的形象。你随口的一句话甚至可能会间接害死一个人。所以千万别因为一张嘴，伤了别人又害了自己。

说话不靠谱的人，
　　疏远他就对了

1

　　我弟弟小时候有很长一段时间非常讨厌老爸，对此，老爸常跟我抱怨："我什么都没做，他干吗莫名其妙地讨厌我？"

　　我打趣老爸："你每次都爽快地答应他，说要带他去哪儿玩，可转身就又忘了，他不讨厌你讨厌谁。"

　　老爸听后，觉得很有道理，可下次还是会在弟弟面前把话说得很满又转身就忘，等弟弟满心欢喜地期待着他兑现自己承诺的时候，又一次次被失望淹没。对此，老爸竟然还觉得自己委屈："我整天那么忙，哪里有时间去记这么多事情？"

老爸并没有深刻认识到自身的问题，还觉得是孩子不理解自己。可实际上，孩子也是一个独立的人，轻而易举地在孩子面前把话说满，最后却做不到，这本身就是在孩子面前失信，而一个不讲信用的人被别人讨厌不也是很正常的吗？

有句老话说得好："话到嘴边留三分。"这不仅警醒我们要做一个守信的人，还告诫我们要学会给自己留有余地。"你这样做肯定不行""我敢肯定，事情一定是这样的"这类未经过详加思考就说出口的话，其实大部分人都不喜欢。

2

前同事明朗经常和同事出现分歧。

在日常相处中，明朗总是一开口就把别人付出的所有努力全部否定，以至于很多同事都对明朗的人品产生了质疑。

我也曾听说过其中几件小事儿。

明朗和几个同事一起商量项目内容，正在大家好不容易有些眉目的时候，他一开口就是"这样做完全行不通""我觉得不可以"……他否定别人的提议，坚称别人是错的，可让他提出解决办法，他却又没有任何的想法。

还有一次，明朗自己有了一些想法，但这个想法并不被部门其他人认可，可固执的明朗坚定地认为自己是对的，并信誓旦旦地告诉大家："你们要相信我，这个就交给我来做，出了事儿我负责。"最终明朗不仅把项目搞砸了，还连累部门所有人跟他一起承担责任。

这样的明朗一度让同事们非常厌恶，一些脾气大的同事忍不下去，和他大吵过几次。毫无意外，后来明朗被公司辞退了。

我再见明朗时已经是好几年之后了，那时他的脸上依然挂着自以为是的微笑，话里话外都把自己说得很厉害，仿佛天底下没有他办不成的事儿。他说："我跟别人不一样，我认定的事儿绝对没错。"

明朗的聪明让他自信，这一点很值得赞扬。可他不知道的是，他的自信没有掌握好"度"，他眼神中的狂妄和嘴上的不留余地在别人看来是一种冒犯，是对别人极大的不尊重。

林语堂曾说："看到秋天的云彩，才觉得生命别太拥挤，得空点儿。"其实做人也是同样的道理，给说出口的话留点儿余地，给自己留点儿余地，这样即使事情的结果不尽如人意，彼此来日也好相见，这是对一段关系所能给予的最大的善意。

3

我的作者朋友嫣然总是会等事情尘埃落定之后才向别人透露。如果她答应帮助别人，那么即使拼尽全力她也会做到。这样的嫣然在我们心中的形象十分高大。再加上嫣然总是埋头写稿，业绩满满，所以我们总喜欢把她当作"明星作者"来吹捧。可嫣然总是不接受这个称呼，她觉得她只是做好了自己该做的事儿。

当很多作者在群里信誓旦旦地说出："你们信不信我今年一定会靠写作暴富""我今天的目标是写一万字！不写完不吃、不喝、不睡觉"时，长期深夜出没、白天隐匿的嫣然仍然坚持每天上报自己工作的实际完成量。她就是这样一个务实的作者，从不虚报、谎报，也从不像很多朋友一样乱定目标。

到了年底，当很多作者因为自己定下的目标完成度只有不到50%而唉声叹气的时候，嫣然业绩满满。当图书市场低迷、很多作者被退稿的时候，只有嫣然好消息不断。

有一个作者在群里夸奖嫣然："只有嫣然能带来好消息呢，嫣然真的好厉害。"嫣然只是谦虚地回应："哪里，哪里！可能因为我都是等书上市之后才公布好消息吧……其实之前我也被退稿过很多次呢！"

我跟嫣然私下聊天时，嫣然对此的解释是："其实我只是不喜欢把话说得太满。万一好消息公布出去了，最后却因意外不能出版，那有多尴尬。"

如今，越来越多的事实证明，我们更愿意信任那些闷头干大事儿的人，甚至会不由自主地觉得他们不会辜负我们的信任。这种信任感是在长期的接触中建立起来的，来自对方一直都坚持着"不把话说满，说出来就要尽量做到"的处事准则。

4

祢衡是三国时期有名的大才子，很多人都折服于他的才气。可他有个很致命的缺点，那就是十分狂傲，并且说话从不给人留有任何余地。他的嘴让他得罪了数不清的人，最终他也因为一句话而被黄祖杀害，那一年他才26岁。

"祸从口出"这四个字大概是对祢衡一生比较贴切的诠释了。过满则亏，当一个人总是把话说得太满，那这些话总有一天会成为他的致命伤。

就像《格言联璧》里所说："处事须留余地。"它告诉人们，在处理问题、处理和别人的关系时，我们一定要给自己和他人留出一定的空间，这样才能在来日事情出现变化时，找到一个空白区作为缓和局势的突破口。

这可以用白纸来举例。

别人要求你在一张白纸上画一个圆形，当你画到一半时，别人却突然改变了主意，要你画一个正方形，这时懂得留白的人就可以轻松地完成任务，而之前没有留任何余地的人，只能面对着一张早已没有空隙的纸束手无策。

我们必须认清一个事实：一个不断把话说满又不断被"打脸"的人，在任何人眼里都是不靠谱的。这种不靠谱不仅影响其个人形象，严重时甚至会被对方列入关系的"黑名单"里，以致难以交到知心朋友。

永远没有莫名其妙的讨厌和疏远，在这个多变的世界里，我们要学会留余地，同时也要学会远离说话不靠谱的人。

不可一世的人，
最好躲着走

1

朋友小涛上门来看我新家的装修风格时，和我聊天说他最近感觉很累。多年来很少联系的我们站在一起聊天多了些许尴尬，我不禁想起了当年我是如何把他"拉黑"的。

小涛是一个贪心的人，几乎什么都想要。刚有了工作，就想要换一个高薪、轻松又能准时上下班的工作，于是换了一份又一份的工作，在他身边除了抱怨声几乎什么都听不到；刚有了车，就又想买一辆上档次的，于是一咬牙就又贷款买了辆好车，搞得自己每个月都要耗光工资去还贷款；想多认识能力强的朋友，于是总去他口中所谓的高端场所，刷爆信用卡请各种各样的人吃饭，等没钱了再找亲朋好友借。更可气的是，他明明有了一个乖巧懂事的女朋友，却总觉得对方差点儿过硬的家庭背景，于是毫无心理负担地出轨，女朋友也换了一个又一个……

总而言之，小涛是个不容易满足的人。

有一段时间，小涛接二连三地在网上给我发消息，一开口就说自己最近哪儿过得不顺心，没说两句话就开始借钱，不堪其扰的我只能假装账号被盗，让他的消息石沉大海。后来跟他偶遇过一次，他还满腹委屈地跟我说："我感觉活着好累啊，钱总是不够花，人际关系也搞得一团糟。"我尴尬地笑笑，却发现根本不知道从哪里谈起。难不成要我告诉他，欲壑难填的人只能让大部分人躲着走。

明明没做什么，却总觉得自己活得很累，这是一部分人的常态。为了买不起的手机，分期贷款也要买；为了买不起的化妆品，跟别人借钱也要买……这样的人不累，谁累？

当现有的生活负担不起欲望的时候，人就成了欲望的奴隶，不仅被压得喘不过气来，还可能借着这股气使别人也不舒服。

2

这些年，我见过很多谦虚的人，也见过很多刚成功就膨胀起来的人，我父亲的朋友李叔就属于后者。

李叔在我父亲眼里是一个非常厉害的人，可我却不太喜欢这位叔叔，甚至这位叔叔的一些言论和做法让我颇为反感。

年轻时候的李叔家里很穷，没什么文化，处处受人欺负。好在他后来遇到了一位建材公司的老板，老板很赏识他，这才让他成功地越过了学历这道门槛，成了建材公司的"二把手"。

从此，李叔的事业一路绿灯。他的事业越来越好，可他也越来越膨胀。很多人因为他是老板身边的红人来巴结他，不管是送礼物还是奉承，他都照单全收。攒了足够的资本之后，李叔离开了原来的公司，自立门户。他凭着多年的人脉和资源很快就把自己的公司做大了，甚至一度超过了以前的老东家。

曾经备受欺凌，如今人人捧着，这翻天覆地的变化让李叔特别满足，于是他开始有了一系列典型的"老板"作风：对待下属从不客气，他只管使唤下属，从不在乎下属的想法；对待朋友也是一副高高在上的样子，每次聚会都要显得自己仿佛身价几千亿一样；对待家人则更甚，他把妻子当作自己的附属品，而自己则一副皇帝的模样。我尤其记得他得意扬扬地说过一句话："我老婆每天都要把洗脚水端到我面前，给我洗了脚我才睡。以前哪有这种日子，如今我终于翻身做主人啦！"

这样的李叔让身边的朋友越来越难忍受，一个个都对他敬而远之，他老婆也跟他提出了离婚。后来听说因为公司经营不善，李叔一夜之间赔光了家当，再也膨胀不起来了。

这世上总有些人因为自己口袋里的钱比别人多就觉得自己有多么与众不同。其实人生来都是一样的，大家都是同一物种，谁又能比谁高级到哪里去呢？大部分自诩高高在上的人看不起的往往就是他们自己从前的样子，而真正成功又靠谱的人，他们每一步都走得小心翼翼，甚至对自己的成功缄口不言。像这样谦虚的人，我身边的作者大青就算一个。

大青年轻的时候把自己的青春全贡献给了国家。

大青在部队里爱上了看书，也爱上了写作，他最初是尝试着自己写、自己看，后来又给部队的杂志投稿。退伍之后，大青又开始撰写长篇小说，而他的写作生涯也应该是从这里才算真正开始。

万事开头难，大青一开始的写作之路走得也很艰难。好在数年的军旅生涯给了大青非同一般的生活经历，因此他写出来的东西也十分具有军人气息，这是一种独特的气质，就如同

第一章
你不必让每个人都喜欢你，尤其是那些无关紧要的人

他这个人一样。

后来，大青的写作内容被多家出版社看重，他再也不愁自己写出来的文字无处投稿、无处出版了。再后来，大青的小说被顺利地搬上了荧幕，很多记者和媒体都想要采访他，可他都回绝了。就连我想帮他的剧做宣传，他都反复叮嘱我要低调点儿——尽量做到只宣传剧，不宣传人。

这般低调的大青，从默默无闻到大获成功，始终都是低调的，亦如他每次创作时都会先躲进一个安静的角落里才提笔写作。如今，60多岁的大青还在写着，笔耕不辍，他说这是他的终生梦想。

有的人地位崇高却过着简单朴素的生活，从不觉得自己有多厉害，也从不宣扬自己的厉害之处；有的人刚上了一个台阶，就觉得自己天下无敌。这就是人与人之间的差别。

3

这世界上，有些人只要自己过得稍微好一点儿就总有一种自己很优秀、比别人都厉害的感觉。这种人还有一个通病就是总想把别人踩在脚下，或者总想做出一些事情来让别人高

看自己。这种人表面上看起来总是满面春光，可实际上内心缺乏自我认同感，同时眼界又太窄，只看得到与自己同水平的人。他们内心空虚，所以他们更想通过这种方式去找到自信和自己存在的意义，可这也就成了一种恶性循环：自我认识高—膨胀—自我认识更高—更膨胀……这种恶性循环如果不能被及时发觉和中止，终会害人害己。

所以，果断远离欲壑难填、过度膨胀的那些人吧，别让那些不可一世的人伤害到自己。

不合群的你,真的好酷

1

曾经在一场小型签售会上,有读者问我,能不能分享给大家一些写作方面的经验,我讲了这样一个故事。

有一个女孩从小就热爱写作。为了创作出好的作品,她常常一个人长时间地坐在电脑前面构思,这导致她忽略了很多事情,包括亲情和友情。当同龄人都在外面和小伙伴一起快乐地玩耍时,她的脑海中却全是故事和创意,根本没办法和小朋友们痛快地玩,因此她几乎没有朋友。

很久以后,这个女孩成了一个靠写作为生的作家,她拥有了更多自由的时间去做自己喜欢的事儿,去创造自己的价值。

那个女孩就是我。

在过去很长一段时间里，我都为自己因为写作忽略朋友而苦恼，也曾因为被朋友们误认为清高而被踢出朋友圈，可我从来没有后悔自己选择了写作这条路。

2

我的好朋友覃央的经历跟我很相似。

覃央性格很好，待人也和气，可就是莫名地让人觉得有距离感，这导致她人缘很差，参加团建等集体活动时总是备受冷落：一群人吃饭，她总是被冷落在一旁；部门团建一起玩，没人愿意跟她组队；参与聊天讨论，没人认真听她发言……而我和她要好，只是因为某天见她一个人在角落里看书，出于好奇上前跟她搭讪了一次。

覃央曾跟我说，她和自己部门的人关系不太好是因为大家都觉得她故作高深、不太合群，总是一个人躲在角落里研究天文学。

那是我第一次碰到喜欢天文学的女孩子，我觉得这样的姑娘实在太有魅力了，自然而然地和她亲近了不少。但不是所

第一章
你不必让每个人都喜欢你，尤其是那些无关紧要的人

有人都了解覃央，也不是所有人都跟我想法一样，以致在外人看来覃央有点儿做作，于是大家开始抱团排挤她。

面对大家的排挤，覃央却这样说："每个人心中都应该有自己的信仰，就像你的信仰是文学，我的信仰是天文学，如果让我为了这份信仰放弃社交，那么我想我也是甘愿的。"

从那以后，我和覃央就成了好姐妹，只是后来由于工作变动，我回重庆创业，覃央又开始独自一个人……

如今覃央凭借自己深厚的天文学知识成了一名天文学科普类博主，坐拥数百万粉丝，她在网络上备受追捧，可回归现实，她依旧是那个不合群的姑娘。

我跟她说："你不合群的样子真的好酷！"她笑了笑，脸上依旧带着从前那种淡淡的自信。

"孤独""忍耐""坚守"……这些词语背后隐藏着太多我们难以承受的压力，可想要实现心中的梦想，我们就必须走过这样一段默默无闻且独自挑灯的路途。这段路很苦，但也很酷，它足以让你在终点处收获累累硕果。

讨好自己，
婉拒一切不开心

3

"年少时总想着一群人狂欢，长大了却只想要独自繁华。"在看到这句话不久之前，我刚从我的大学同学莉莉那里听说了她毕业以后这些年的故事。

莉莉的梦想和很多人都不一样，她想要成为一名演员。

从上大学开始，莉莉就一直后悔自己高中时没有选择当艺术生，她觉得这让她迷失了自己的梦想。

可在大学时，我们都觉得她嘴里所谓的梦想只是白日梦，我们曾在无数个夜里调侃莉莉："等你成了知名演员，记得给我们每人一张亲笔签名照啊！"莉莉每次都笑着答应："如果到时候你们混得不好，就来给我当助理吧，我让你们天天见大明星。"

这样的玩笑我们本以为说说就过去了，之后谁都没再提过，就连莉莉自己都很少再说起自己的梦想。唯一不同的是，莉莉总是一个人躲在寝室里看电视剧、读书，偶尔还会像个戏精一样邀请我们去她的寝室跟她对戏，平时嘴里还会时不时地冒出几句电视剧里的经典台词。

毕业之后，大家各奔东西。当其他人都各自找到相对稳定的工作职位的时候，莉莉毅然决然地带着大学省吃俭用存下来的4000元钱去横店当群众演员。

可在众多的群众演员当中，非科班出身的莉莉并没有太大的优势。为了能抢到表演的机会，莉莉有时候甚至直接睡在路边，就等着哪天片场缺人的时候工作人员能第一时间看到自己。她说，那时的自己就像一块砖，哪里需要就往哪里搬。

偶然一次在横店的时候，我在微信上给莉莉发消息约她见面，可直到我从横店离开之后，莉莉才给我回消息，说自己太忙了，很少看手机。从那以后，我们就常常有一句没一句地聊聊天，她每天依旧很忙，也常常很久都没有一点儿音信。

直到两年后，莉莉突然很高兴地打电话给我，说她演的电视剧终于要上映了。我高兴地在电视机前守了很久，却只等到了莉莉短短两秒钟的出镜镜头。

莉莉却很高兴："现在是两秒钟，以后是两分钟，未来总有一天会是两个小时！"看到她如此执着，我也被深深感动和鼓舞了。

4

为了梦想而忍耐的寂寞时光最为难熬，可它却能够让你在独处的时候静下心来，反思当下，展望未来，让你有时间和精力去思考、去等待。著名历史学家范文澜曾经说过:"坐得冷板凳,吃得冷猪肉。"我们要想实现梦想就得吞下寂寞,潜心修炼。

在现实生活中,有很多人在实现梦想的路上被各种各样的事情分了神——有的为了所谓的合群,有的为了所谓的利益,有的仅仅是因为心浮气躁,于是他们不仅半路改了道,还要转身怒骂上天不公。其实,最大的敌人就是我们自己,成功很多时候就是这样被我们自己给赶跑的。换个角度想,我们不过都是张爱玲笔下的"寂寞惯了"的人,所以又何必因为当下的这点磨难而打退堂鼓呢?

没有一个人是随随便便就能成功的,但凡是那些发出光辉的人,都曾经历过一段默默无闻的时光,是他们坚持不懈地打磨、坚持,才成了我们看到的成功模样。所以别仅仅为了合群而放纵自己,耐住寂寞,熬过孤独,当黎明来临时,属于你的世界也就来了。

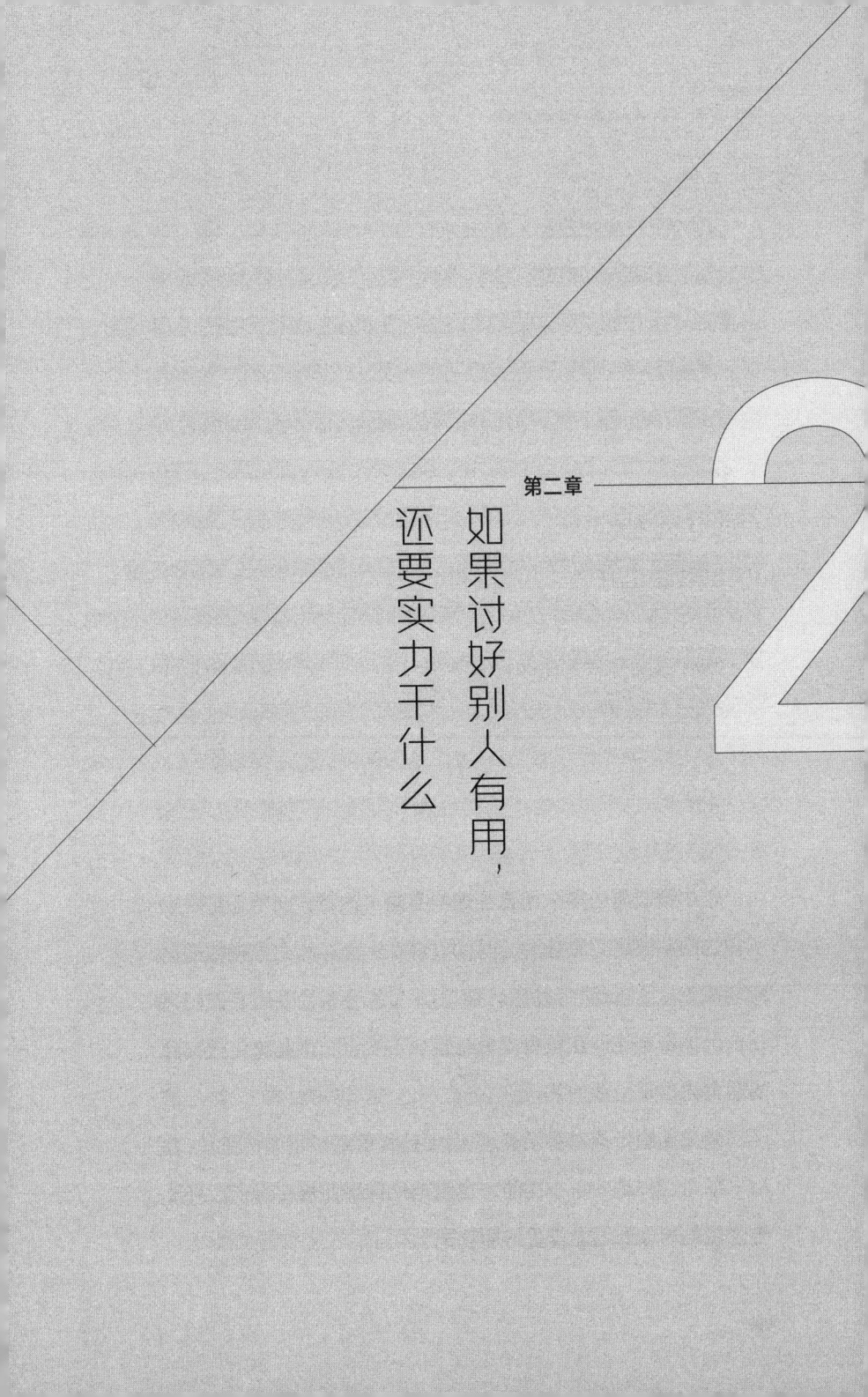

第二章

如果讨好别人有用，还要实力干什么

实力过硬，
你就是自己的人脉

1

　　希尔顿饭店的第一任总经理叫乔治·波特，当他还是一家不知名的小酒店的服务员的时候，曾在一个风雪之夜接待过一对老夫妇。当时酒店客房已被订满，乔治本可以让老夫妇离开，但他担心他们在风雪夜里行走会不安全，于是决定把自己的宿舍让出来给他们住。

　　老先生临走前对乔治说："你就是我梦寐以求的员工。"乔治本以为这只是一个小插曲，也没把这件事儿放在心上，可几年之后他却收到了老先生的职位邀约。

老先生邀请乔治就职的酒店就是纽约著名的华尔道夫酒店，它是地位尊贵的象征，也是各大企业高管差旅途中首选居住的酒店。乔治感到很奇怪，他以为对方一定需要自己拿出什么宝贵的东西来做交换，可老先生看中的仅仅是他的善心、责任心以及果断的处事能力。

人和人之间的缘分就是如此奇妙。你永远不知道你下一秒会遇见谁，那个人会给你怎样的帮助，会怎样改变你一生的轨迹，所以不要轻视任何一个走进你生命中的人，他们随时都可能变成改变你命运的人脉。

2

如今越来越强调人脉的重要性，可到底什么才是人脉呢？

其实，人脉并不是你交了多少朋友，认识了多少人，而是有多少人知道你是谁，你能做什么，你是否能在对方需要你的时候为其提供帮助，同样地，你也需要知道对方是谁，对方能够做什么，在你需要帮助时对方可以为你提供什么样的帮助。只有这样互相了解清楚之后，才能在彼此需要对方时第一时间想到对方，双方才能一拍即合地共事。

郭超刚创业时跟大多数人一样，因为没有客户资源，创业之路举步维艰。可郭超有自己的优点，他不仅工作能力强，而且为人十分靠谱，只要是交到他手里的项目，他总会完成得非常出色。

经过口口相传，越来越多的业内人士注意到郭超，并尝试找到他，跟他进行业务交流。

郭超的人脉资源越积越厚，接到的业务也越来越多，以至于后来只要一提到跟他的业务沾点儿边的项目，大家第一个想到的就会是他。

所以要想牢牢地抓住人脉资源并顺利地为己所用，我们的自身能力必须过硬，必须拥有对方认可的实力。否则，所谓的人脉就只是一个名字、一个符号，他们转身就会变成躺在我们通信录里的"僵尸"，对我们产生不了任何的帮助。

3

凤凤曾有很长一段时间迫切地想要从作者转为编剧。可这个过程极其困难，为此我曾劝她："想要转行，先得提升自己在相关领域的知识和技能才行。"

风风很直白地说:"编剧跟作家一样,也就是写写东西嘛。我好歹是写过小说的,相关的工作经验还是有的,只需要找个人教教我大致的创作格式就行了,这个不难。"

不听劝的风风就带着自己的这种盲目自信入了编剧这一行。她先从我手中拿走了800字的剧本看了看大概的样子,然后就开始找一位编剧朋友带自己做项目。可那位朋友本身已经很忙了,又怎么会有时间去帮助一个对这个行业一窍不通的人?风风的希望很快被对方怠慢的态度浇灭了。

唯一用得上的人脉没有了,风风开始了地毯式的搜索。她通过微信朋友圈疯狂询问有没有做编剧的朋友,然后又通过微博、QQ等社交软件查找相关关键词,最后甚至登录各大网站发帖,询问怎样才能转行做编剧。

风风的这些做法不可否认是有一些成效的。她的微信里逐渐多了很多编剧和导演,可她终究还是一个项目都没做出来,因为那些人只是"躺"在她的通信录里,跟她没有任何聊得下去的话题。对此,风风的原话是:"他们都觉得我是一个没有经验的新人,一听说我之前没有写过成型的剧本,就不回我消息了。"

此后,风风又来向我求助过一次,我也向她强调了提升自身能力的重要性,并把我私藏多年的电影剧本和编剧进修书交给她，让她好好对照着电影琢磨。可她依然吊儿郎当的，除了干着急之外，没有把一丝功夫用在认真提升自己的专业能力上，以致做编剧这件事就一直只是她遥不可及的一个梦想，这么多年过去了都没有实现。

没有人不需要领路人。只要你想涉足一个新领域，你就需要很多来自前人的指导。正所谓"一个人可能走得很快，一群人却可以走得很远"，这就是人脉的力量。但这里有一个现实问题你必须清楚，那就是别人为什么要帮你。有人说，想让别人帮你，你得够真诚；有人说，想让别人帮你，你得有礼貌；有人说，想让别人帮你，你得够勇敢。可这些都只能形成别人对你的初步印象，并不足以让人家心甘情愿地想要跟你一起分"蛋糕"。

真正能牢牢地抓住和拓宽人脉的方式，只能是提升你的专业能力，它是掌握人脉不可或缺的东西。让别人知道你的能力并不亚于他，并且能够在他需要帮助时获得帮助，这样别人才会心甘情愿地成为你的人脉。

4

风风和郭超是不同的,本质不同就在于——郭超懂得依靠实力获得青睐,而风风却妄图只通过简单的引荐就获得成功。可正如某国际品牌创始人对年轻人发出的忠告:"没有人脉做不成事情,但是没本事的话,有人脉也白搭。"

学会对自身能力进行投资吧,我们可以锻炼自己,形成自己不可替代的个人优势,也可以让自己成为某个领域的专家,总之,我们需要知道,真正有价值的人脉关系都产生于势均力敌的人之间。

与其学说漂亮话，
不如把事儿干漂亮

1

和朋友佳佳一起去书店时，我发现书店里多了很多关于"会说话就是高情商"之类的书。很显然，不善言辞的佳佳也看到了，她既委屈又气愤地问我："我不会说漂亮话，可我把事情做周到不就好了，为什么非要逼着我去说那些阳奉阴违的话，搞得我好难受。"

佳佳的话点破了我心中很久以来的一个问题：为什么不会说漂亮话的人，常常备受委屈？

这类人，在职场里，被同事、领导挤对；在家庭中，不被另一半理解；在朋友面前，他们更是被忽视的那批人；一群人在一起时，他们总是躲在角落里，毫无存在感，以至于很少有人在意他们的感受，甚至连做决定时都不会想起要问一下他们的意见。

久而久之，这类人中的一部分人为了不让自己被孤立，便想尽办法强迫自己去学说漂亮话，可学来学去，大多却只学到了虚伪和生硬。

事实上，人的一生不是活在他人的期待中的。你有你的行为方式，我有我的行为准则，你欣赏这样的我，我欣赏那样的你，倘若仅仅因为不会说漂亮话而被疏远或者被孤立，那这些人便不是真正意义上的我们志同道合的朋友，即便日后相处下去，也会有很多的矛盾。

真正的活着，是找到让自己自在、开心的方式，从根源上远离这种毫无意义的纠结感。

2

不会说话就是原罪吗？显然不是。综观身边那些成功的人，我发现不会说漂亮话的人也能走得很远。我的朋友李勋就是其中的一个。

李勋是一个比较沉默的人,喜欢埋头干实事儿,当倾听者。

有时我们在一起聊天,他总是微笑地听着,不爱发言。我担心不善言辞的他被忽视了,时不时地问问他的想法,哪知有一天他却私下对我说:"谢谢你很在乎我的想法,但是没关系,我就是喜欢听你们说话,我觉得这很有趣,换作是我的话,我是说不出来的,所以我也不常表达。"了解了这些之后,我也就不再过多地在谈话中停下来问他的意见了,整个沟通过程也顺畅了很多。

李勋的诚恳踏实让朋友们都很喜欢他,我们也喜欢在遇到问题的时候找他商量,他每次都会尽心竭力地帮我们。

这样的他,在公司里自然是一个埋头苦干的人。

当周围同事都还在靠耍嘴皮子、巴结领导上位的时候,李勋已经干净利落地将手里的工作全部完成了。不爱说话的李勋在公司里三年都没有交到几个朋友,可他却是同一批进公司的人里升职最快的人。并且李勋还利用业余时间攻读了管理学硕士,这更让他在一次职位竞争中击败了另一个对手,成功地成为分公司的"一把手"。

李勋升职那天,刚好有几个同学约他吃饭叙旧。大家不约而同地说:"你小子当年不声不响的,看不出来,竟然是咱们里边混得最好的。"

如今的李勋依旧秉持着多干实事儿的原则,无论在工作中还是在生活中,总是把每一件事情都落到实处。他还是说不出来那些漂亮的场面话,但这并不妨碍他一直向上攀升。

曾经红极一时的心灵鸡汤里时常歌颂的便是:"要学会说话,你才能成功。"其实,那很大程度上是在制造焦虑、贩卖焦虑。会说漂亮话,不代表你一定能成功;不会说漂亮话,也不代表你从此就落后于人。

事实上,说话只能代表一个人某一个方面的能力,它在你的综合能力中占比是非常小的。倘若你就不是一个爱说冠冕堂皇的话的人,又何必勉强自己去做那些不喜欢的事呢?这个世界上的事从来都不是靠一张嘴就能解决的,更多的时候还是得靠实干。

不要因为自己不会说好听的话受到冷落而勉强改变。勉强自己去迎合他人,这样的改变根本没有价值,因为世界终归还是更愿意奖励那些踏实肯干的人,"百说不如一练",只有先踏实地干好事情,会说话才能为你锦上添花。

3

会说漂亮话好吗？当然很好。它会让你更容易和别人亲近，也让你很容易给别人留下好印象。只是如果不能利用好会说话的本领，有时候它也会害了你。悦然就是一个典型的代表。

悦然有一张巧嘴，并且时常能逗得一群人哈哈大笑，好像她总能恰到好处地赢得所有人的赏识。悦然本来对自己的这张巧嘴非常自豪，可后来她的生活也正因为这张嘴而陷入了烦恼之中。

事情的起因是，悦然很会讨自己直属领导的欢心，而她的领导也很受用。久而久之，两个人私底下便成了好朋友。这层关系的微妙转变不仅让悦然在公司同等级的同事里有了一些优势，而且她还总能受到直属领导的种种偏袒。

然而不知怎的，她们的这些小动作被公司发现了。公司有一天突然宣布要在悦然的部门实行双领导管理制度。单纯的悦然以为这是公司为了更好地管理，可公司真正的目的是用新领导取代老领导。不知情的悦然又大着胆子和从前一样熟络地去拍新领导的马屁，毫无意外，对方被她逗得乐呵不已。可微笑的背后，是悦然和其老领导的把柄不断地被抓住。终

第二章
如果讨好别人有用,还要实力干什么

于在某一天,老领导被开除了,而悦然呢,因为自己曾经两边都讨好,现在搞得自己里外都不是人,不仅被公司开除了,而且她以往被老领导偏袒的种种失误也被揪了出来,在离职函上被狠狠地记了一笔。

被迫离职后,悦然重新投简历找工作,有一次她好不容易通过面试了,谁知新公司对她进行了背景调查,没多久,该公司就拒绝了她的入职申请。之后接连几次面试,悦然都因为曾经不体面的离职经历而被拒之门外,这让她备受打击。此后的悦然便很少见人就拍马屁了。她开始明白,不仅仅是在职场上,可以说在任何地方,大家看的都是你做了多少,而不是你说了多少。

我曾经在自己的另外一本书里写过,人和人相处,要学会互相夸赞对方,要懂得说话的艺术,可同时我也在不断地提醒读者,会说话绝不是要过度说话,必要的时候,保持沉默也是对一段关系最好的维护。

所以,我们不必纠结自己到底会不会说漂亮话,而是应该先把事情干漂亮。会说漂亮话从来不是成功的必选项,只有拿出能力、拿出好的结果才是王道。

4

我曾经在网上看到一个网友的"求救"。他问:"这个世界上真的需要不会说好听话的人吗?"而有个回答是这样说的:"世界上有各种各样的人,若他们能很好地发挥各自的长处,就肯定会有需要他们的地方。像音乐家们啊,科学家们啊,画家们啊,就不需要特别会说话,但毫无疑问,世界肯定是需要他们的。"

这让我想起了我身边那些喜欢安静的作家。他们确实不善言辞,有的一和陌生人说话就浑身不自在,有的性格内向不爱和人往来……可这些并不妨碍他们创作出高质量的文学作品。

比如,我所在的作家协会里有个作家,他诗歌写得特别好,让人一读就热泪盈眶,可他是个孤独症患者,不爱和人打交道,也不喜欢参加协会组织的活动,一有时间就窝在自己家里思考和创作。我们几个朋友去他家拜访的时候,他大多数时间也只是看着我们谈笑,只有谈到创作的时候他才会真正参与进来。可这并不妨碍我们对他的喜爱,因为他是一个有才华的人,无论性格怎样,都不妨碍他闪闪发光。

所以不管是职场还是日常生活,那些仅仅因为你不会说漂亮话就疏远你、孤立你、让你觉得满腹委屈的人，不来往也罢。我们不必强求自己成为一个见人说人话、见鬼说鬼话、对一切左右逢源、事事都要奉承的人，只要你可以问心无愧地做好当下该做的事，就已经很好了。毕竟人们归根结底最喜欢的还是能干实事的人。这个道理跟当今大部分女生择偶时的要求一样："不要看对方说了什么，而要看对方做了什么。"

记住，你若不会说，那就得会做。

别人没想到的，才是你应该去做的

1

我曾经认识一个凡事都喜欢跟风的人，她叫林林。

在公司里，同事养花，她也养花；同事带零食到工位吃，她也赶紧买了零食带到工位。在生活中，只要看到别人做什么看起来有意思的事儿，她就一定要跟着学。

那时我和林林是室友，当时我每天下班后都会兼职写稿补贴生活，林林见了之后，也想像我一样趁下班时间做点儿副业。正好见她的朋友小佳在做微商，于是林林急匆匆地向小佳请教。

第二章
如果讨好别人有用，还要实力干什么

小佳劝她："微商不是那么好做的。"可林林很自信："我会多向你学习的。"可林林嘴里的"学习"最后演变成了隔三岔五就问小佳一些听起来很简单的问题，小佳起初还一遍一遍地教她，最后实在是忍无可忍了："你为什么连售卖文案都要抄袭我的？你要针对自己的朋友圈想文案，然后再有针对性地进行宣传啊。"没想到林林却说："我不知道我的朋友圈有什么特点啊，那我该怎么做呢？"

小佳无奈，又教了林林很多微商文案的技巧，可林林做来做去始终没有多大的进展。最终，林林还是放弃了做微商这一副业。

过了没多久，林林在工作上也被批评，领导批评她没有自己的想法，缺少创新意识，做出来的东西都很鸡肋。

我告诉林林："你的思维方式有问题。所有有价值的东西都来源于创造，不仅在工作上，在个人生活上也是如此，你不能总是走别人的路。"林林似懂非懂，直到我搬走，她似乎还是那副老样子，一直在模仿别人，一直都没有自己的特色。

很多人都像林林一样，找不到自己生活的方向，觉得谁的生活让自己比较羡慕就参照着那个人的生活，去过自己的日子。可世界上没有完全相同的人，因而也就没有完全相同的道路，只一味地模仿别人，却不取长补短地去开辟适合自己的新路，终究不会过得太好。

讨好自己，
婉拒一切不开心

做别人做过的，没什么特别；做别人没做过的，才是你的亮点。我们可以看到，很多在某个领域闪闪发光的人也许并不比其他人聪明太多，只是因为他们敢于独树一帜，敢于成为新赛道的探索者。

2

大学校友佳佳最让我佩服的一点是她从大学时代开始，想法就一直领先于别人。

当同龄人还在享受安逸的大学生活时，佳佳已经拿出手里的一点儿存款炒股。等赚了差不多20%之后，她又拿着这笔钱率先办起了适用于孩子的钢琴网课。等钢琴培训班初步稳定下来之后，她又火速退居幕后，把节省下来的时间和金钱用来投资美容行业。

佳佳的投资眼光很精准，后来美容行业火爆起来了，而她当时投进去的那一小笔钱也为她赢得了将近几十倍的回报。

等到大学毕业时，很多同学还在抱怨初入社会的各种不适，而佳佳已经凭着自己的努力买了车、买了房，事业更是蒸蒸日上。

第二章
如果讨好别人有用，还要实力干什么

至此，佳佳在同龄人中已经算是很成功了，可她并没有停下自己的脚步。

在新媒体行业刚刚兴起的时候，佳佳又将目光投向了新媒体，她预测："这会成为未来的主流行业。"

在和我进行简单交流之后，佳佳开始做个人自媒体矩阵。可她发布的文章并不是常规的情感类文章，而是发布人类与自然这类相对冷门却又值得被关注的文章。很快，佳佳就凭着自己公众号文章的独特性在自媒体行业里站稳了脚跟。

一年以后，佳佳发布的文章被越来越多的微信大号转载，她自己的平台也从一个"粉丝"只有几十人的账号变成了坐拥几十万"粉丝"的账号。

如今佳佳又转身投到别的行业去了，她又在向新方向努力着，我不由得想起她曾经对我说过的那句话："我要做别人没有想到的，然后在那里闪闪发光。"

很多时候我们会有一种感觉：有些事情别人做了自己才想到，等我们开始做了，别人早已获得了成功，而我们做的东西充其量只能算作拾人牙慧。

所以，想要成功，就得先人一步。当然若你找不到新的方向，也可以先向别人学习，然后将学到的东西化为己有，重新出发。

3

苹果系统做得如此卓越，源于它的创始人乔布斯。乔布斯的创新力是有目共睹的，他凭着一己之力让苹果手机一度霸占了全球高端手机市场。

这就是创新的力量。

乔布斯先人一步做了别人没想到的事儿，然后成为一个领域的引领者，让自己变得无可替代。如今，这也成了很多企业发展的宗旨，从淘宝、菜鸟驿站，到微信公众号、短视频平台等，它们的创始人无一不是走在开拓创新的前沿。这类比到我们每个个体也是同理，想要成功就要先人一步，突破自己现有的局限才能打开创新的思路。

曾有一个从事人力资源管理十余年的朋友告诉我："现在很多企业都钟爱有创新想法的人。这类人从不甘心只学习别人、模仿别人，而是善于学以致用、举一反三、不断创新，他们身上的创造力是企业看重的最大宝藏。"

是啊，有自己的特点，敢于挑战自己、挑战命运，这样的人怎么会混得太差，这样的人又有谁会不喜欢呢？

职场是残酷的小社会，你必须突出重围

1

这世上有没有一份让人百分之百感到舒适的工作？

答案是没有。

这让我想起了我自己曾做过的感觉最糟心的一份工作。

当时，初入职场的我为了弄明白"工作"的意义，接受了一位非常青睐我文笔的女老板的邀请，只身一人去了深圳。一家年轻的公司，一群爱好相同的同龄人，一位看重我的老板，这看起来那么美好的开局，却在不久之后打了我狠狠一耳光。

讨好自己，
婉拒一切不开心

那时，我的工作是撰写公众号文章，可我的小领导却非让我从排版开始做起。毫无设计经验、完全不会用排版软件的我，只能加班加点地从头学起，可即便这样，作为一个排版界新手，我也实在不能又快又好地完成她交给我的工作，稍有不满意她就会愤怒不已，甚至不断地用恶劣的态度和侮辱性的言语对我进行攻击，临了还嘀咕："也不知道老板招你进公司来干吗？"

那时的我单纯、胆小又懦弱，面对这样不明就里的强势，我难过得喉咙就像被什么东西堵住一般，说不出一句话。我多想告诉她："我是被老板亲自请到公司来的，我的价值在于撰写文章而不是为你打杂儿。"可直到最后离职，这句话我都没说出口。

记得那时，办公室里的其他同事没有一个人站出来为我说过话。在极度委屈和对工作环境极度失望之下，我向对我寄予厚望的老板提出了离职申请。

我永远记得，离职当天，老板深夜给我打来了电话，问我离职原因，我只能装作云淡风轻地回她："没事儿，就是想回家了。"谁也不知道，那天挂了电话后，我委屈地哭了一宿。

我把这件事儿讲给朋友听，朋友不解地问我："你为什么不向你们老板揭发那个小领导的恶劣态度呢？"我思考了很久，跟她说："可能我打心底里明白，没有一份工作是能让人感觉完全舒适的。在职场就要懂得职场的规矩。她给我'穿小鞋儿',忍受不了我可以离开,但我不能为了报复她就轻易地失去自己的善良。"

后来我凭借自己在深圳学习到的工作经验,顺利入职当时全国情感类公众号排名第一的公司。会写作、会运营、会排版的我,在新公司如鱼得水,不仅成了同事们的顾问,也成了领导的左膀右臂。当然,这也为后来我自己创业打下了坚实的基础。

作家刘震云说过:"世上所有的事情都经不起推敲,一推敲,每一件都藏着委屈。"职场也是一样,它其实是一个残酷的小社会。在这里,大多数人谈的都是效率、地位和结果。所以在职场里,不要因为受了委屈就呼天抢地。你要明白,你今天所有经历的委屈,明天都必然会为你的人生所用。

2

再见王泽鑫,他已经换了十多份工作了。

王泽鑫是一个脾气不太好的人。别人一句无心的话可以把他激怒,一个无心的举动可以让他大打出手,就连开车时别人差点儿把他的车撞了,他也想以其人之道还治其人之身,还振振有词:"技术差就不要上路!"

他的这些不理智的行为,不仅让朋友们很难和他相处,还让他的就业之路变得坎坷无比。

王泽鑫只有高中学历,他的第一份工作是做电脑销售员。那时,他所在的门店人来人往,可他对有关电脑的专业知识了解得并不多,所以他在销售电脑的时候总是被顾客问得哑口无言,看到顾客质疑的眼神和同事们嘲笑的目光,王泽鑫很烦躁,觉得这份工作伤了自尊,于是主动辞职,准备另找一份自己喜欢的工作。可毫无职场经验的他投了很多简历都石沉大海,为了填饱肚子,他只好去做了外卖员。

没过一个月,王泽鑫又觉得自己风里雨里地跑太累了,虽然一个月努力工作的话可以拿到上万元的工资,可这始终不是自己期待的职场生活,于是他又辞了职。

这次辞职后,他在家里待了两个月,晚上遛弯儿时无意间看到小区附近那家房产中介公司,他觉得做房产中介也不错,于是兴致勃勃地入职了房产中介公司。可还没等到他熟悉工作内容,他又觉得这份工作很烦琐,看不到出路,于是又辞了职。

如今,他不是在换工作,就是在换工作的路上,从来没有在一个岗位上待过三个月以上。

第二章
如果讨好别人有用，还要实力干什么

不知道你有没有发现，社会的发展让很多人慢慢变得娇生惯养起来：公司网速慢影响了自己的工作，辞职；打电话销售产品被拒绝很多次，觉得影响心情，辞职；路上堵车迟到被老板批评了几句，又辞职……

可生活到底是什么呢？我想到了一句流传甚广的话："15岁时你觉得游泳很难，你就放弃，等到了18岁时遇到一个你喜欢的人约你去游泳，你也只能说'我不会'而放弃。"这句话同样适用于职场。没有一份工作是能完全顺心顺意的，当下所有让我们觉得不能忍的东西，如果轻易放手，很可能会在未来让我们失去自己本该拥有的机遇。

3

"你有没有觉得现在的工作让你觉得很糟心？"这句话是我当初还在深圳工作的时候抛给同事小鱼的。

我那时的工作几乎没有给我留下任何休息的时间。一整天下来，脑袋里全是看不完的稿子、改不完的标题、理不完的数据和排不完的版式，最忙的时候还要同时跟几十个人对接工作。

后来，我将排版的工作平均分给了公司新来的实习生小鱼和玮玮。而这两个性格截然不同的姑娘，也通过自己的行动给我上了一课。

排版是一件很琐碎的事情，更让人烦恼的是，即使你早早排好了要发的文章，主编也很有可能要你根据甲方反馈的最新要求把文章重新修改、编排。这意味着很多时候你必须从头再来，每天都可能做许多无用功。

这让脾气有些火暴的玮玮接受不了了。她先是在做了几天排版工作之后私下问我："为什么主编老这个样子呀？她就不能确定好最终的文字再发给我们做排版吗？"

我也只能无奈地笑："主编也是按照甲方的要求做的，习惯就好。"

"好麻烦啊！真不想忍着他们！"

最后，在实习刚过一个半月的时候，玮玮选择了辞职。

相比玮玮，性格腼腆的小鱼似乎很能忍。她每次拿到文稿都立刻按照我教她的流程先导入公众号后台、排版，等主编提出要修改的时候，她一句抱怨的话也不说，只是乖乖地覆盖掉之前的排版，重新编排。

关于做这份工作是否会觉得很糟心这个问题，我在小鱼实习到期、准备转正的时候问了她，而她的回答也让我印象深刻，她说："这是我的工作，没有糟不糟心，只有能不能干。"

后来小鱼果然成了公司里那一批实习生中最早转正的人，而小鱼的话也让我记到了现在。

的确，世上哪有那么多称心如意、十全十美的工作，没有厚实的家底就只能拼命地努力。

我们应该明白，职场不是我们的家，在职场上获得酬劳、成长、经验、人脉是关键，至于友谊、温暖、家的感觉，有的话那只能称之为锦上添花。

工作中遇到糟心事太正常了，有时候，如果你能咬着牙忍了，就一定会迎来柳暗花明的那一天。

4

我对这样一个视频印象深刻。

百度公司创始人李彦宏在人工智能演讲大会上被人当众泼水。他当时觉得糟心吗？那是肯定的，可视频中的他并没有停止演讲，说："大家看到在 AI 前进的道路上，会有各种各样意想不到的事情发生，但是我们前行的决心不会改变。"

一家互联网公司的大佬尚且要忍一些糟心事，普通如我们，又怎会在工作里事事称心？其实，正如那句话所言："工作真正的意义，是你安身立命的资本，是你实现自我价值的平台，工作让你有钱吃饭、养娃儿、孝顺父母，工作让你半夜醒来不害怕。"

刚毕业的那几年是人生成长最好的时候。那时有青春、有精力、有时间、有犯错的成本，在工作中吃的苦可以变成你未来安身立命的资本，让你不至于人到中年时面对着一家老小和车贷、房贷，不敢病，更不敢死。

但同时，你也一定会在工作中遇到各种各样的糟心事，并且没有多少人会在乎你到底有没有在忍着辛酸。当你觉得在工作中受挫的时候，看看那些连维持基本生计都困难的人，看看那些凌晨四五点还在为了工作而忙碌的人，你会发现，你当下的工作也挺好的，除了忍受一点儿糟心事。

此刻，你只管拼尽全力前进，那些途中的折磨，就当成一种前进的力量吧，一种能让你变得更强大的力量。正如心理学里的"蘑菇定律"，希望你也能像那些蘑菇一样，即使生长在潮湿阴暗的角落，即使没有人在意，也要独自忍耐，拼命生长。你要相信，总有一天，你会被人看到的。

走出舒适区，才能为自己遮风挡雨

1

前不久，因为一个偶然的机会，我和一个多年没见的高中同学重新联系上了。

还记得高中时的她是一个家境优渥、不愁吃穿、被很多人羡慕的女同学，可此时，她凭着家里的关系做着一份不好不坏的工作，每个月拿着3000多元的工资。她形容自己就像围墙里的爬山虎，也像个提线木偶一样，生活得没有一丝朝气。

那一刻，我忽然就懂了那句话：不要在年轻的时候选择安逸。

电影《肖申克的救赎》中,有一句台词非常吻合她的状态:"刚入狱的时候,你痛恨周围的高墙;慢慢地,你习惯了生活在其中;最终你会发现,自己不得不依靠它而生存。"

十多年前,她站在光里,十多年后,她仍然为了一时的安逸选择借光,但也因此收获了一潭死水般的生活,这就是长期沉溺于舒适区的代价。这十多年来,她习惯了眼前的环境,放弃了追逐梦想,于是,时间磨平了她的棱角,抹去了她的勇气,剪掉了她的自律,让她变成了一个眼神不再明亮、身上没有朝气的中年人。

2

论贪图安逸,我的朋友里,李响如果称第二,没人敢称第一。

作为远近闻名的富二代,李响从小的成长环境就十分舒适,可到了他上大学时,父亲却因为一场意外去世了,李响的家庭瞬间败落,他成了落难的王子。

本以为遭遇如此重大变故的李响能借此成长,可他似乎让人失望了。大学时,母亲一个人艰难地抚养他和弟弟,他

第二章
如果讨好别人有用，还要实力干什么

不但没想过要勤俭节约，打工赚取生活费，反而天天和同学打游戏潇洒快活，完全没有考虑过母亲的辛劳；工作以后，李响也总是把"不喜欢、不合适、不想做"作为频繁更换工作的借口，最后更是不管不顾地进入绘画行业当起了学徒。本以为终于选择了一份喜欢的工作、终于能稳定下来了，可当他每天面对着画板学作画时，他又觉得太累、太费眼睛、太浪费时间，很快又选择了辞职。

找不到满意工作的李响，又开始长久地窝在家里打游戏。母亲被他气得不行，一直托人帮他找工作，可最后都是无疾而终。

本以为这样的李响心中可能藏着星辰大海，有远大的抱负想去实现，结果他却告诉我，他要把手头所有的积蓄拿去买一辆电动货车，要干搬家拉货的生意。

以对李响性格的了解，我劝他考虑清楚，因为我觉得有着公子哥本色的李响根本不适合做这一行，可他一意孤行，坚称很多人都说干这行只需要每天开开车就有上万元的工资收入。他哪里知道，别人"每天开开车"的背后，是日复一日的起早贪黑，是不管风吹日晒还是大雨倾盆都要行动起来、有单必接的付出。果不其然，一意孤行的李响很快又撂了挑子。

如今，李响依旧整天躺在床上不停幻想着自己以后有钱的样子，却丝毫做不出任何有价值的行动。偶尔有大型拍摄项

目的时候，我也会拉着他，让他往返拉一下设备器材，可他叫苦连天，还是觉得躺在床上更舒服。

习惯了活在舒适区里的人，永远都不会明白努力拼搏的意义。跟李响出自同一所高中、同一个班级的陈琦，是一个在性格上跟李响完全相反的人，陈琦很喜欢"折磨"自己。

陈琦大学毕业考入了医学专业，自进入大学后，陈琦从早到晚地忙：早上雷打不动地去操场上晨跑，边跑边背诵专业知识；中午快速吃完午饭后便回宿舍上视频课；下午没课时就自己跑去实验室搞临床操作；晚上找一个没人的教室练习演讲。

这样的他，每年学校的班级第一名、国家奖学金等荣誉几乎被他承包了。

我曾问过陈琦，为什么他永远都是那么激情四射。陈琦不好意思地笑着说："人要敢于拼搏嘛，特别是我们这个经常跟死神打交道的职业，我的体会可能比别人更深一些。"

如今，陈琦已经是一个研三的学生了。他依旧保持着旺盛的活力，他下雨天坚持在室外跑步，他说这能让他更清醒；做实验时，他在实验室里一待就是十几个小时，他说这能让他保持思路的连贯性；就连团队里有什么累活儿、难活儿，他都是冲在最前面的那个人。

这些付出，让陈琦成了同期学生里最早参与临床手术的人。

陈琦给我讲了一个故事。当时他刚去医院实习没多久就碰到了一台大手术，那台手术一做就是十几个小时，很是考验在场医护人员的体力和耐力，这时候，陈琦平日里对自己的磨炼就显出了优势，这让他几乎没有任何负担地将这台手术全程跟了下来。后来，他不仅获得了优秀实习生的荣誉称号，还被当时的主刀医生看中，力邀他毕业以后去做自己的助手。

陈琦毕业后最终会不会去那家医院工作，我不知道，但我知道的是，不怕苦、不怕累、敢于磨炼自己的陈琦，无论走到哪里都不会找不到好工作。从李响和陈琦的身上，我理解并深信了那句话：有足够的能力，就不怕人生路上的风雨，因为你自己就能为自己遮风挡雨。

3

"温水煮青蛙"是我们从孩提时代就知道的故事。

舒适的环境就像一锅温水，身处其中的人就像锅里的青蛙，若我们一直待在这锅温水里，不尝试跳出舒适区，日复一日，年复一年，我们就会慢慢地失去原本的斗志，逐渐习惯在不痛不痒的生活中变得颓废，那些我们想要的美好生活也会离我们越来越远。它对我们来说看似惬意而温暖，实则只会拖住我们的脚步。

在日常生活中,我们一定要敢于走出舒适区,懂得自己折腾自己,这样当风雨来临的时候我们才能做出更好的反应。

游泳健将菲尔普斯就是一个很好的例子。

菲尔普斯在训练中有很重要的一项,那就是处理教练给他制造的各种意外事件。因为教练觉得,菲尔普斯要在不断地解决意外事件中才能变得更强,因此,菲尔普斯总是遇到一些奇特的事情:今天游泳裤破了,明天游泳池的水被污染了,后天泳镜又坏了……

这样的"意外事故"经历得多了,菲尔普斯处理突发情况的能力也有所提升,他竟然逐渐变成了一个在比赛中一遇到意外就兴奋的人。

后来,在2008年北京奥运会的时候,菲尔普斯在比赛时泳镜意外地破了,可他丝毫没有慌乱,反而在全程都看不见水底环境的情况下"盲游",最终获得了金牌。

试想一下,假如菲尔普斯一直在舒适区里进行训练,当意外来临时,哪怕再优秀也难免会变得慌乱吧?

舒适到底是什么?心理学是这样定义的:处于熟悉的环境中,做自己能做的事情,和熟悉的人交往,你在这个领域里感觉得心应手,但是能够学到的东西非常少。

可以说,舒适是一个人成长路上最大的敌人。因为我们的天性使我们就喜欢待在自己熟悉的环境中，总觉得这样会让我们感到舒适和安稳。可这样的安稳只是一时的，也极容易崩塌和破碎，这就像生活中有人本来能力很强，可在舒适区里待久了，再强悍的技能也会变得生疏；有人本来身体强健，可因为懒惰而长期不运动，免疫力下降，就会引起大病小病时不时地出现……当我们长期耽于安逸时，那以后无论生活怎么欺负我们，我们都再也鼓不起奋起反抗的勇气了。

人生数十载，别一直沉溺于"温水区"，多和自己较较劲。要知道，一个人的光速成长都是从跨出舒适区开始的，也只有跨出舒适区，练就足够的能力，在以后的人生路上我们才能为自己遮风挡雨。

切记，不要让"少时不思进取，老时满身遗憾"的故事在我们身上重演，与君共勉。

告别无效努力，
才能看见人生转机

1

白手起家的第二年，我终于积累了一定的资本。

为了公司更好地发展，我聘请了5个应届毕业生新人。入职那天，我比他们还要兴奋，因为"我终于有自己的员工了"。可很快，我就被现实狠狠地打了脸。

无论我多么努力地教他们撰稿，可两个月过去了，只有两篇稿子勉强合格，并且这两篇还是我一对一地指导出来的。对他们具体工作的过度关注大量占据了我找项目的时间，导致公司在那两个月里没有一分钱的入账。

面对焦头烂额的后方和每个月高额的运营成本，无奈之下，我只能辞退了所有人。

团队解散的那天，几个孩子真诚又委屈地看着我："我们已经很努力了，为什么还要辞退我们呢？"我无言，只能无奈地充当了一回"恶人"。

彼时涉世未深的他们可能还不明白，在成年人的世界里，不谈效率，付出再多努力都没用。

2

阿云为了督促自己努力工作，每天早上5点钟就起床在朋友圈里"打卡"。可真正到了上班的时间，他又开始昏昏欲睡，一上午不是撑着头睡觉就是强迫自己睁开眼睛盯着电脑屏幕发愣。

这样的结果就是他不仅工作效率极低，还让自己每天都过得很疲倦，回到家除了吃饭就是瘫在沙发上蒙头大睡，完全体验不到生活的幸福感。

当然，他也收获了一样东西，那就是别人的称赞声——"阿云真勤奋，我们都该向他学习"，而这句话也成了他最好的麻醉剂，安慰着他一无所成的工作和满地鸡毛的生活。

如今，我们的身边经常充斥着一种"明明每天都在很辛苦、很努力地工作，可到头来除了疲惫什么都没得到"的现象：每天熬夜学习，成绩还是不如别人；天天加班到深夜，月底绩效却仍垫底；努力健身、克制饮食，身材却一天比一天走形……我们付出了很多很多，可得到的只有身体上的疲惫和内心无处宣泄的懊恼。

作家克里斯·贝利在自己的书里写过："我们提高生产力的关键，在于创造出更多的时间，让我们有机会去做自己真正喜欢的事情。"

当你在付出努力的时候，工作效率的高低直接关系着你的生活质量。

有人用很少的时间得到了很高的工作回报，也有人付出了几乎所有的时间却什么都得不到。无效的努力付出越多，内心的挫败感越强，幸福感越低。所以唯有找到对的方向、找到合适的方法、管理好自己的时间、告别无效的努力，才是我们唯一的破局之法。

3

在我的记忆中，文文是第一个在我面前崩溃痛哭的姑娘。

那时，文文是刚进入公司的新员工，她之前从来没有接触过新媒体写作这一领域，能被招进公司只是因为刚好碰上当时公司人手紧缺，而她又有一些写稿经验。

她心里也非常明白自己的不足，所以当总编将她归入我部门的时候，她非常努力地跟着我学习跟新媒体写作相关的基础知识和技巧。

文文很努力，可这丝毫不影响她在部门内绩效倒数的事实。她写出来的文章很少能成功发表，绝大部分文章在经过数次修改后都无疾而终。我曾给过她很多指导，她每次听完都是一副收获颇多的样子，可之后交上来的稿子依旧不能让人满意。

文文的这种状态让人看了着急，部门里的其他同事也都热心地给她提建议，包括让她多读书，多做摘抄笔记，以及让她在写文章之前先列好提纲和框架等。

文文觉得大家说得都有道理，可任务的紧迫感让她没时间慢慢成长，她觉得如果浪费时间去做这些积累，那么她很快就会面临被辞退的后果。

文文在潜意识里拒绝了这些办法。她坚持按照自己的方法去写文章、改文章。后来她的绩效越来越差，还总是被主管当成典型来教育。最终在某个赶稿的深夜，文文在办公室里委屈得崩溃痛哭。

文文的无助让人倍觉心疼。

为了能让文文快速成长，我开始悄悄地把我自己策划的选题和详细的框架交给她，并让她按照框架收集素材。刚开始，她要花3天时间才能找到合适的素材，慢慢地，收集素材的时间缩短到了半天……

在海量的素材积累和框架打磨中，文文的写作逐渐有了自己的风格，成长速度十分惊人，甚至在当年年底获得了优秀员工的称号。

很多时候，我们为了追求结果，一味地只关注自己付出了多少努力，当结果和我们的预期背道而驰、和我们付出的努力不对等的时候，心里的落差会让我们焦虑、烦躁，而倍感压力。

努力重要吗？

当然很重要。可我们也需要知道，努力是成事儿的重要因素，却又不是唯一因素。如果努力的方向错了，那再努力都白搭。

所以，别再用"付出了很多"来自我感动了，找到解决当下问题的正确方法，让你的努力变得高效而富有意义，这对我们来说才是更重要的事儿。

谁也不想把人生全部的时间用在辛苦工作上，找准方向、提高效率，才是帮助我们摆脱"穷忙"的最简单也最有效的方法，才是我们人生的破局之法。

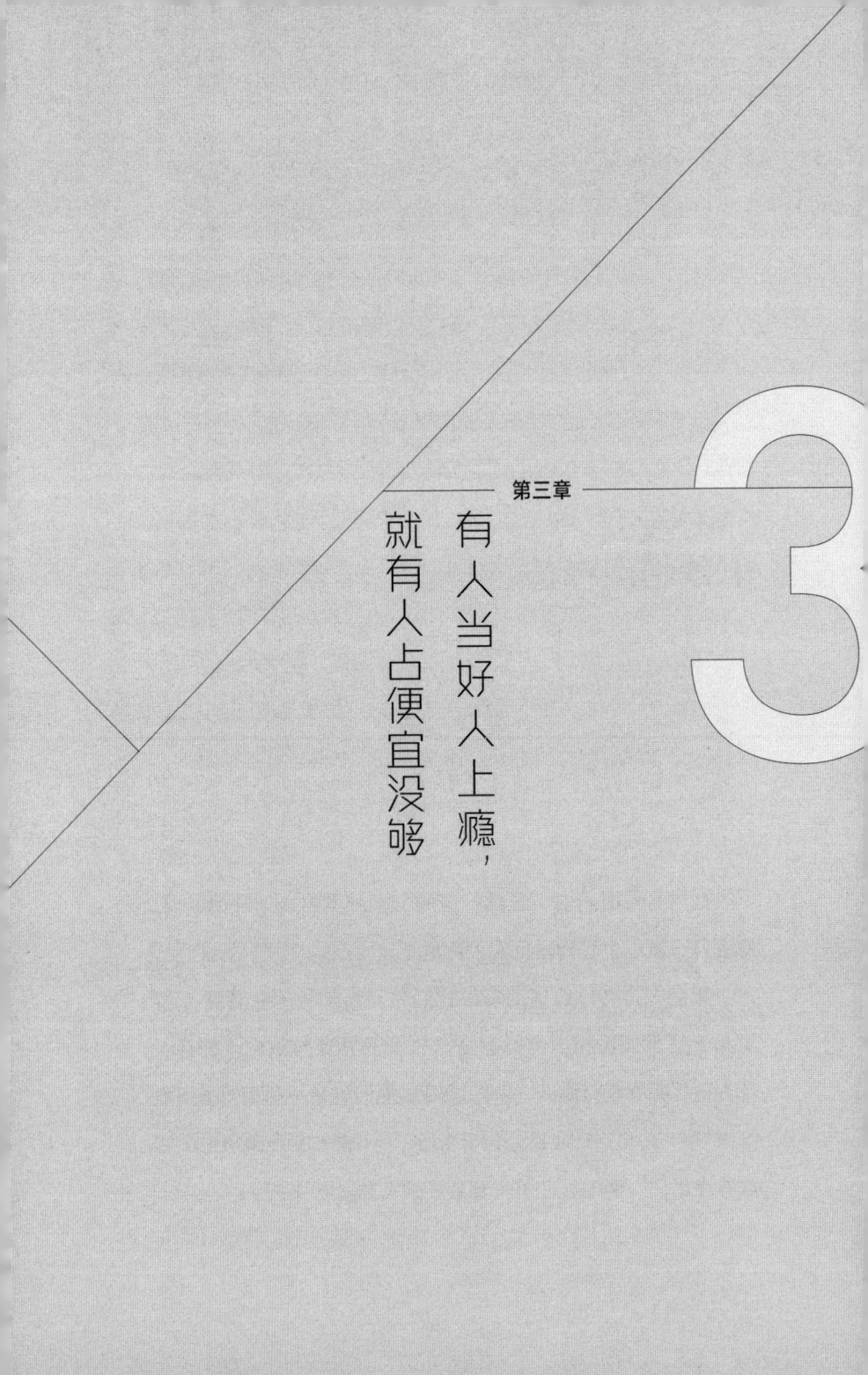

第三章
有人当好人上瘾,就有人占便宜没够

你的善良，
必须带点锋芒

1

百凤有段时间对"善良"这两个字感慨万千，问他原因，他说自己被一个自称善良的人欺负了。

那个人是百凤的好朋友，我们姑且将他称为F君吧。百凤和F君是偶然相识的好朋友，二人都喜欢打篮球，都喜欢玩吉他，都喜欢打游戏，不忙的时候他们经常一起相约去网吧打游戏。后来，F君被公司开除了，于是来求百凤帮忙，百凤看在哥们一场的分儿上，到处托朋友帮他找工作。

第三章
有人当好人上瘾，就有人占便宜没够

没过多久，F君在百凤的推荐下进了一家小企业做行政助理，可还没等到转正，百凤就被朋友告知，那家公司把F君辞退了，并且告诉百凤少跟F君再来往。

百凤本来很疑惑，F君却反咬对方一口，说百凤的朋友在背地里说百凤的闲话，并且说得很难听。百凤信了F君的话，从此跟自己的这位朋友断了往来。

后来，百凤出于愧疚又托另一位朋友帮F君找工作。可过了没多久，F君又被辞退了。这一次F君又在百凤面前数落百凤的朋友，百凤听得很不是滋味，F君却说："是不是善良的人总会被人欺负，我可能还是太善良了。"百凤一听，又毫无理由地相信了F君。

后来，百凤因为F君的关系得罪了很多朋友，直到百凤把F君引荐到自己的公司，他这才看清F君的本来面目。

原来，F君刚一入职就开始作妖，不仅处处给人使绊子，更为了一些蝇头小利不断地和同事们暗暗较劲，这让同事们怨声载道。

百凤实在看不过去了，劝诫F君，可F君不仅觉得自己没错，还盛气凌人地细数百凤的不是，认为百凤看不得自己能力出众，想压自己一头。

百凤不想跟他多计较，只能由着他。可F君觉得这是因

为百凤理亏了，于是越发嚣张，总是对百凤呼来喝去的。比如，百凤不仅每天要按照 F 君的要求 "顺路" 送他回家，上班时间也要时不时地帮 F 君打印文件、做 PPT，这让工作本就忙碌的百凤有苦难言。百凤每每想拒绝 F 君，F 君都会以一副受害者的样子埋怨百凤不够朋友。

后来，百凤实在忍不了了，和 F 君大吵了一架，俩人自此形同陌路。而 F 君呢？在把公司的人都得罪了个遍之后，再一次被辞退了，而这次，百凤没有再向他伸出援手。

不知道从什么时候开始，"善良" 仿佛成了一个贬义词，有人觉得善良的人好欺负，于是一个劲儿地去欺负那些善良的人，以至于很多时候逼得原本善良的人收起了自己的善良。

爱默生说："你的善良必须有点儿锋芒，否则就等于零。" 不要把自己的一片热心给了那个甩你耳光的人，你的善良，要留给懂得感恩的人。

2

我的合作方袁伟是一个为人和善的人，但他的底线我们也很清楚："我不是对所有人都仁慈。"

第三章
有人当好人上瘾，就有人占便宜没够

袁伟的善良很多时候都藏在小细节里。

比如，无论你是谁，只要给过他一点儿帮助或者仅仅只是顺手帮他递过个东西，他都会在你需要的时候第一时间给你帮助；如果你跟他一同乘坐电梯，他会像个绅士一样先挡着门，让你先进；和他一起走在马路上，他会下意识地让你走在马路里侧，自己则走在马路外侧，这样即便有车经过，你也不会感到害怕……

总之，袁伟对周围的人都很照顾，这样的他不仅获得了很多朋友的喜欢，在事业上也是顺风顺水。

可有一天，公司里的一个同事因为跟袁伟竞争同一个职位失败，开始明里暗里挤对他。袁伟对此没说过什么，却给了对方一个不太好下的台阶——他在就职大会上和对方握了手，还当着众人的面委婉地表达了自己能力很强，比对方更应该得到这个职位。

袁伟事后对这件事儿解释道："我可以善良，但我的善良也有底线。别人都欺负到我的家门口了，那我还不赶紧扫他出去吗？"

自那以后，很多人都明白了，袁伟并不是一个没有原则、任人欺负的人，这反而让他变得更加受人尊敬。

真正聪明的人，善良里都带了点儿锋芒，他们能在进退之间告诉别人自己的底线，让别人知道"我是善良的，但也不是能任人拿捏的"。

给好人以足够的温暖,给坏人以足够的惩罚,这是坚持善良的前提,也是维系人际关系的根本。

3

我曾看过这样一句话:善良是很珍贵的,但善良要是没有长出牙齿来,那就是软弱。

记得有一次我和朋友去餐厅吃饭,排了一个多小时的队后,我和朋友都有点儿不耐烦了,可店员一直挽留我们,让我们再等等。

好不容易点完餐,上菜又非常慢,朋友好几次想催服务员都被我拦了下来,我对朋友说:"他们估计也是忙得晕头转向了,我们时间宽裕,就多聊会儿天、多等等吧。"于是我和朋友就干坐着又聊了快一个小时。

服务员终于朝我们这边走过来了,没想到却带来了坏消息:"女士,您点的两道菜都卖光了,我给您换一道菜行吗?"

此刻,没了好心情的朋友气得拍桌子:"这不是换不换菜的问题!你们太不尊重人了!起初我们不想等了,想走,是你们硬留我们，给我们许诺，说马上就可以轮到我们。可现在呢？我在你们这儿等了两个多小时了，连一个菜都没见到！你们把顾客拴住，想让我们掏腰包，又不积极地提供服务，这是什么服务态度，又是什么服务理念？"

  周围和我们一样等了很长时间的人纷纷响应，抗议声此起彼伏，直到老板出面道歉，事情才算过去了。

  我们从小就被教育要做一个与人为善的人，殊不知，这需要有足够的勇气和智慧。无论什么时候，身带锋芒才是对自己和他人最好的负责。

一时强硬不起来，
可以先假装不好惹

1

　　姐妹阿琪的闪婚曾让我大为不解，可用她的话来解释就是："他既有钱又有颜，不仅能给我安稳的生活，我俩还能孕育一个高颜值的后代，这是多少人都梦寐以求的婚姻啊。"

　　两年后，我本以为阿琪会过得很幸福，可收到的竟是阿琪离婚的消息。那时的她已不再是那个想法简单的女孩，也树立起了自己稳定的三观。她跟我说："不要试图从别人身上找安全感，安全感这个东西，只能自己给自己。"

　　原来，阿琪的豪门生活过得非常辛苦。在外人看来，她是不用工作、天天在家闲得无聊的富婆,可实际上家里稍有些资历的用人都能随时给她甩脸子;在外人看来,她是受丈夫宠爱、如愿嫁给爱情的小女人,可实际上,只要孩子稍微有点儿不舒服,她就会被骂为"废人",被指责"什么事情都做不好"……

阿琪很委屈,可为了家庭幸福她还是忍了下来。她学着察言观色,学着温柔体贴,学着小心翼翼地讨好丈夫和公婆,可这些并没有给她换来任何尊重,而是招来了变本加厉的羞辱。直到阿琪发现老公出轨,她才终于下定决心离婚。

现在的阿琪,靠着自己的能力有了一份月薪3万元的工作,又靠着独特的魅力把生活过得有声有色,她学会了再也不依赖任何人。

一些人因为儿时情感的缺失而缺乏安全感,为此,他们一生都陷入别人给的安全感中。可那些所谓的别人给的安全感,归根结底只是别人给的,一旦别人不再怜悯施舍,人生将瞬间坍塌。

亲手为自己筑起的城墙才能成为守护你一生的底气。安全感只有自己给的才最踏实,它是没人能够拿走的、能够成为你的底气和自信的存在。

讨好自己，
婉拒一切不开心

2

  我的前同事弱弱倒是没有情感方面的难题，可她在人际交往中却极度弱势。

  弱弱本名其实叫王芝，"弱弱"是同事们给她取的外号，她常常因为这个外号而苦恼不已，觉得大家都在欺负她。

  弱弱平时跟人说话总是颤颤巍巍的，半天都表达不清楚自己的观点，在众人面前汇报工作更是紧张得手脚发抖，跟领导聊天时，她的慌张更是有目共睹，这种状态的她让很多人都不把她放在眼里，总是有意无意地欺负她。

  当她跑来向我们哭诉的时候，我们倒是没有觉得很惊讶，在一旁的小敏甚至忍不住调侃她："就你这个气场，他们不欺负你欺负谁啊？"

  弱弱听了这话气极了，可她也没做出什么反抗举动，她只是抿着嘴、低着头，不说话。这样的弱弱着实让我们为她焦灼，好在小敏鬼点子多，很快为弱弱出了个主意。

  她先是带着弱弱去买了几套与从前风格完全不同的衣服，让弱弱穿上以后看起来"气场一米八"；又训练弱弱走路、吃饭以及说话的速度，不断叮嘱她举手投足间要大气有力；最后，她还要求弱弱每周在我们几个朋友面前大声朗诵一个故事，让她不再害怕在众人面前说话。

经过一番训练之后，弱弱明显有了很大的变化，特别是当她像从前一样上台汇报工作时，她不再扭扭捏捏，而是能比较大方顺畅地开口讲话了。

弱弱的改变让我们耳目一新，如今调侃她的话也已经变成了："弱弱，你今天气场这么强，这是准备干什么大事儿去？"弱弱也不甘示弱："想干什么就干什么，干什么都能成。"

"弱弱"这类人我们经常能遇到。他们看起来小心翼翼，生怕一不小心就得罪了谁。可这种小心翼翼的行为在某些心术不正的人眼中就成了示弱和好欺负，也就给了对方得寸进尺的机会。

其实，很多人在人际交往中的拘谨正是源自安全感的缺失。

安全感是一种听起来缥缈却又很能影响我们行为和思想的东西。安全感缺失会让我们总认为别人是对的，而自己无论怎样都可能是错的，这样，我们在说话做事儿时就会没有底气，最终会变得越来越畏缩。

可给予自己安全感其实是一件非常简单的事情。有时我们只需要增强一点儿自己的气场，生活就会变得大不相同。

3

"自信的女人，无论哪里都是你的主场。"这是曾经和我合作过项目的利姐教我的。

利姐是一个特别自信的女人。她总是涂着大红唇，穿着合体的西装，言谈举止都散发出成熟女性的魅力。特别是当她站在台上时，面对众人的目光她依旧能够侃侃而谈，整个人都散发出自信的光芒。

和利姐熟悉起来之后，她经常会送我一些小礼物，印象最深的要数有一年我过生日时她送我的口红礼盒。每支口红包装上面都有她细心贴上的小纸条，上面写着什么场合用什么颜色。那时我才明白，原来女生常用的口红中蕴藏着这么大的人际学问。

利姐把颜色特别鲜艳的大红色口红归为"见大公司客户用"；颜色偏橙一点儿的主要是"见小客户时使用"；那些色彩比较柔和的口红，她把它们归到了"日常使用和见普通朋友时使用"的类别里。

用她的话来说就是："见有攻击性的人用有攻击性的颜色，见没有攻击性的人用柔和一点儿的颜色。在不同的场合把自己应该展示的一面展示出来，才能控场。"

后来这套口红便成了我那段时间里见客户的必备用品，每当我涂着它们和人交谈时，内心都充满了力量，人也自信从容得多了。

我觉得这种感受很神奇，便告诉了利姐。她只是笑了笑："人的自信是一种无形的东西，想要增加它，就得先明白怎么拥有它。一个极具安全感的人，自信是必不可缺的。"

我这才明白，原来无形的自信本身就自带一种力量，当它成熟且化形的时候，就变成了我们常说的安全感。

生活中，我们会面对很多这样的问题：他为什么不听我的话？我为什么镇不住场面？为什么感觉大家都不信服我呢？这些问题其实都源于我们没安全感、不够自信、没气场。想想看，当一个人自身都缺乏安全感时，又怎能奢望别人轻易信服他呢？

4

说起女生的安全感，我很佩服我的朋友晶晶。晶晶现在是一个极其要强的职场女强人，一个人从底层打拼出来，如"拼命三娘"一样把自己的人生奉献给了职场。

这样独立自主的她，活得潇洒肆意，可只有她自己知道，她如此拼命，不过是因为内心极度缺乏安全感。也正是因为这个，她迟迟没有接受男朋友的求婚。她执着地认为，从别人身上获得的安全感随时都可以被夺走，只有自己给自己安全感，才能永远立于不败之地。

事实证明，晶晶的做法非常正确。

当发现准未婚夫出轨后，晶晶虽然心碎、委屈，但也很快就走了出来。她仍然面不改色地正常处理工作上的事情，没有被挫折击垮。

反观我们生活中的一些人，他们在遇见情感问题的时候大多会陷入痛苦中无法自拔。

一个安全感极强的人不会被外物影响，也不会让任何人撼动自己的生活一分一毫。这样的安全感，才是真正属于自己的生而为人的底气。

网上有人这样形容安全感："你的安全感应该来源于名列前茅的成绩，来源于考到的证书，来源于你卡里足够多的金钱，反正不要来源于某个人。"

一个人若总是寄希望于别人，把一颗心全都放在别人身上，那么不仅容易变得患得患失，还会因为这个人某一天的突然离去而感到绝望不已。

自己给自己安全感，你的人生才会获得坚不可摧的力量。

或许只有当你读过很多的书、走过很长的路、看过不同的人生风景，你想要的安全感才会生根发芽，最终长成参天大树，护佑你余生的海阔天空。

任何时候，
别忘了给别人一个台阶

1

前阵子在外面的餐厅吃饭，突遇隔壁桌的小情侣大声吵闹。

起初，两个人你一句我一句，以玩笑话的形式吐槽彼此做得不好的地方，谁知随着玩笑的升级，两人越说越上头，女生竟当众吼叫起来。在场所有人的目光都不约而同地朝两人射去。

或许是感受到了周围人的眼光，男生开始沉默。于是，全场只能听到女生越发变本加厉的吼叫声。最终男生拍桌而

第三章
有人当好人上瘾，就有人占便宜没够

起，大喊道："我不知道你在这里说这些有什么意义！回去说不行吗？！"

男生的态度一下子引发了女生最后的怒火，两个人竟在大庭广众之下大打出手，最后还是店长匆匆赶回店里劝说两人，两人这才慢慢地平息了怒火，餐厅也终于恢复了正常。小情侣离开餐厅时双双冷着脸，一副受够了对方的样子，他们甚至可能已经忘了最初为何而争吵，只剩下了满腹的委屈和怒意。

无论什么时候，学会给别人台阶下永远都不会是一件错事儿。

2

身边最不会给人台阶下的，要数我的大学学长宁国强了。

宁国强是典型的"工科直男"，愣头愣脑的，只要是自己认定的事情，就绝不会嘴下留情，甚至不管对方是不是自己的领导或长辈。

比如，宁国强的领导曾经在会上说过这样一句话："每个人都会犯错，你们有错我会指出来，我有错也非常欢迎大家指正。"此话过后，一遇见领导讲错话或者有哪里说得不对的地

方,宁国强就会立刻站出来指正,并且当众不断强调领导的错处,一定要让领导承认自己错了不可,他对此还扬扬得意:"我就说嘛,还是有话直说好,你们看领导也喜欢有话直说的人。"

宁国强对领导说话不客气,对朋友、同事、家人更是不给台阶下,并且什么话难听他就挑什么话说,他还美其名曰:"真话都难听。"

这样的结果就是宁国强的生活慢慢变得一团糟。没有同事愿意跟他相处,没有亲戚愿意主动去他家串门,他的朋友们也越来越不喜欢他。最后,他的生活只剩下零社交、低工资和游戏。

那段时间,宁国强每天都是闷闷不乐的,直到他家隔壁搬来一个更不会给别人留台阶下的邻居,他这才惊觉自己过去做人实在太离谱了。

于是,他不再站出来戳别人的伤疤,也不再不给领导台阶下了。

这让他的领导颇感意外,某一天在会上当众调侃他:"小宁今天没有要说的了?"这让宁国强尴尬不已,同时也体验了一把自己曾经给别人带来的那些尴尬瞬间。

在社交中不给别人台阶下,就如同已经到别人嘴边的食物,你硬生生地想要抢走,不仅断了别人的后路,也让别人失了脸面，而伤了别人的"面子"，我们自然也保不住自己的"里子"。

恰当的时候给别人一个台阶下，这看起来只是一个简单的行为，但你顾及了别人的心理和脸面，其实是给了别人一种如雪中送炭般的温暖。如果一味地口不饶人，对方很可能会产生极为强烈的反感和厌恶心理，进而对你整个人都讨厌起来。

3

比起宁国强的"直"，贺伟则是与之相反的人。他做事情能掌握"度"，也非常喜欢给人台阶下，经常主动帮别人撑面子，因此很多人都愿意跟贺伟在一起玩儿。

让我印象最深的是我们一群人的一次聚会。

那时，一位很久不见的朋友突然加入了我们的聚会，打破了我们正畅聊的话题。这位朋友是位建筑设计师，经常奔波在工地上，常年遭受风吹日晒的他皮肤变得黝黑，看上去比同龄人老了很多。

另一个朋友为了表示自己的欢迎，热情地上去迎接，可他不仅叫错了名字，还强行把别人的故事安插在对方身上，并时不时地话中带着刺儿说人家变老了。这位设计师朋友时时面露尴尬之色,整个现场的气氛也变得非常微妙。

这时,贺伟突然站出来打破了尴尬的局面:"你们女生最近不是很喜欢皮肤黝黑的男人吗?还说什么这样的男人很有安全感,今天这不就来了一个超有安全感的男人吗?要珍惜啊!"话题一转,旁边的女生自然而然地接上了话:"黝黑的男人真的很迷人啊,很有安全感。大家这么久没见了,今夜一定要玩得开心一些!"设计师朋友听了女生的话,也不由得笑了起来。

贺伟和女生简短的几句对话,不仅打破了僵滞微妙的气氛,也帮设计师朋友顺利地从尴尬中脱身,令人印象深刻。更令贺伟没想到的是,这样一个小小的插曲让设计师朋友记了很久。

后来,当贺伟在转行时遇到麻烦需要找人帮忙,设计师朋友立刻就帮了他。

设计师先是把自己行业内的朋友介绍给贺伟认识,然后又给贺伟牵线,助力他签下了一个工程项目。如此一来,贺伟不仅在新公司迅速站稳了脚跟,还通过设计师的引荐大大拓宽了自己在行业内的人脉。

贺伟说:"就因为当初一句简单的打圆场的话,现在竟能收获这么大的惊喜,真的是太不可思议了。"

很多时候人就是这样的,你给了对方一分帮助,对方可能会高于十倍地回报于你,他会记得你曾经在他最难堪的时候解救过他,哪怕那对你来说只是举手之劳。

不给别人难堪其实并不难。比如有个人当众摔了一跤,如果那个人自尊心强,不想让别人知道这件事儿,那么此刻你就要学会"装瞎"。

在读懂别人的想法之后,通过一句简单的话、一个简单的动作,借势送别人一把"梯子",这不仅会拉近你与对方的距离,还能让对方看到你善良的品质。这般双赢,何乐而不为呢?

4

在生活中,我们有许许多多要给别人台阶下和需要别人给台阶下的时候,如果我们只是一味地当"杠精",那么当其他人其乐融融时,你很大概率会被排挤在外。

我的朋友小卓被调到国外的分公司工作之后,屡次嚷嚷着不适应,想要回国发展。究其原因,就是她平日里说话总是没分寸、心直口快地得罪了不少人,最终被讨厌她的同事和领导们投票送出了国。

"真正的感情不需要你费心。"这句话曾一度在网络上爆红,可其实它是很片面的。和别人的交往如果没有掌握分寸感,不管那个人是你的什么人,都会对你心生芥蒂。不然,为什么有相当一部分父母和子女之间的关系相处得并不好呢?

懂得给别人台阶下是人与人之间感情的润滑剂,这是一种给予别人的善良,也让别人对你的人品有了初步判定。并且它并不需要我们花多大的精力去用心搭建,有时候或许仅仅是一个动作、一个眼神、一句话即可。

一直给别人添堵的人，早晚吃苦头

1

我很不喜欢朋友的表妹朵朵，因为她从不懂得珍惜别人的付出。

朵朵出生于独生子女家庭，家境不错，成长也是一路顺风顺水的，就连毕业后的工作都是父母托关系帮她找的。因此，她一进公司就深得老板的器重，老板不仅亲力亲为地教她业务，没多久还把她提拔到总经理助理的位置上，即使她偶尔犯了错，老板也总能很轻易地就原谅她。

可这样的优待并没有让朵朵感恩和进取，相反，她变得越来越恃宠而骄：失误的次数越来越多，以至于很多同事都对她的工作能力极有意见；别人辛苦熬夜赶出来的方案，她简单扫一眼就说不行，随之抬手就给扔进垃圾桶里；干部提拔和公司内部福利，不看谁努力、谁能力强，只看谁和自己的关系好……

几个主管曾想借朵朵的错处顺势给她"上一课"，可这样的行为却让朵朵作为证据拿到老板那儿，抱怨主管们不服从总经办的工作安排。

这般几次打小报告之后，很多员工自然也不敢再多说什么了，只好在自己忍受不了之后选择直接辞职。

公司的人越走越多，就连几个部门主管的辞呈也陆续送到了老板的手里，老板这才开始正视朵朵的做法，最终将她辞退了。

离开公司之后，朵朵仍然觉得自己没错，甚至大肆辱骂前公司的同事和领导。

"她为什么从来不反省一下自己？"对于我的疑问，朋友摊手表示无奈："她没吃过什么苦，也没受过什么委屈，在公司更是觉得自己是一人之下、万人之上的存在，所以别人的努力在她眼中完全不值钱。她打心眼儿里就不珍惜别人的努力，更看不起努力的人。她常挂在嘴边的一句话是：'××整天加班赶活儿，看起来好像很上进的样子，其实呢，无非就是想在领导面前做个样子好涨工资。真可耻!'"

我惊掉了下巴。

付出努力,做好自己的本职工作,让自己过上更好的生活,这可耻吗?并不。她不知道别人背后有着怎样的家庭要养活,也不知道别人的辛酸和压力都来自何方。可以不懂,但请别嘲笑,没吃过苦从来不是嘲笑别人努力的理由。而且从某种意义上来讲,一个人对待他人的态度将决定自己今后的人生是否顺遂太平,因为没人能护自己一辈子,世界首富都有破产的可能,更何况普通如你我。

2

朱奇大学毕业之后进的第一家公司是一家创业公司,老板的年龄只比朱奇大了不到十岁。刚进公司时,朱奇差点儿把老板当成了普通员工,不是老板太年轻,而是他的穿着打扮实在太普通了。

说是老板,可他不戴名表,没有豪车,浑身的搭配总价不超过200元钱,就连每天使用的笔记本电脑也相当老旧。

刚开始,朱奇觉得很奇怪:虽说公司还只是处于创业初期，可好歹是个老板，他怎么会这么抠门、这么不顾及自己的外在形象呢？

直到后来，朱奇的母亲得了急病，需要马上送进手术室，可是手术费还差一大截。正在朱奇焦头烂额不知所措的时候，老板二话没说给他转过去一笔钱，不但解了朱奇的燃眉之急，后续更是主动给朱奇放了半个月的带薪假。

等朱奇照料完母亲再回公司时，老板还专门请他吃了顿饭，专门了解了一下他母亲的病情。席间朱奇才了解到，原来老板此时都已经欠了一身债了，可他还是在尽全力帮助他们这些员工。

朱奇深受感动，可他想不通老板为什么会这样对待自己。在分别的时候，朱奇问出了自己心中的疑惑，没想到老板却说："其实我有过跟你相同的经历。那个时候我也刚毕业，父亲却生病了。我们家急需一大笔钱，可我当时的老板却因为我要请几天假直接将我辞退了。后来，我父亲没能挺过去，去世了，当时我告诉自己，余生，我一定不做像那个老板一般冷血的人。"

那件事情之后，朱奇变得对老板死心塌地，无论公司多么艰难，他都始终跟着老板，忠心耿耿。朋友们打趣他，说他好像一条忠诚的狗，朱奇却说："他懂我的艰难，我懂他的不易。"

第三章
有人当好人上瘾，就有人占便宜没够

3

前不久和在西藏支教的朋友视频聊天，聊到了她去西藏的原因，感触良多。

朋友出生于一个不富裕的农村家庭。当初她读书时，父母为了给她交学费到处借钱，欠了一屁股债。为了不辜负父母的期望，她以优异的成绩考上了名校，可随之而来的也是更高的学费。

在苦恼了一个暑假之后，她偶然了解到国家有关助学贷款的政策，她看着辛苦劳作的父亲开心地说："爸爸，你放心，我可以靠自己读书了！"

她怀着满心欢喜进入了大学。她充分利用四年的大学时光，不仅把专业课程学得很好，还选修了第二专业，考取了不少资格证。

后来，当大学的支教政策下达的时候，她毅然选择了去山区支教。她想让更多的孩子跟她一样，靠着知识走出困境，去呼吸新时代的空气，去创造人生的多种可能。

踏上支教之路的那天，她买了一张火车硬座票，一个人提着行李潇洒地上了路。我问她："你去那么远的地方，你的家人怎么办？"她笑着说："村里和国家会帮我照顾他们的！我要去做我应该做的事情。"

如今,她已经完全适应了西藏的生活,和当地人打成了一片,也更加珍惜每一个孩子的梦想。

我的这位朋友身上那种无私的大爱令我钦佩,这跟我最佩服的企业白象食品股份有限公司一样。

在白象食品股份有限公司工厂里,有三分之一的员工都是残疾人,这群人还有一个特殊的名字,叫"自强员工"。白象食品股份有限公司每年都会花费重金去帮助这些残疾人更好地生活和工作。

当很多企业都在压缩用工成本的时候,白象食品股份有限公司却让一群残疾人享受到正常人该有的待遇和福利,这是白象食品股份有限公司创始人姚忠良的大爱。

姚忠良年轻时吃过不少苦。

创业初期,他蹬着三轮车卖方便面,后来终于逐渐做大了企业,又因为拒绝日资企业入资而遭到诸多打压,以至于很多年里白象方便面都上不了超市的货架。

可即使企业运营再艰难,姚忠良也始终坚持不给员工降薪的原则,遇到疫情更是大力捐赠物资,直到被央视发现和点赞,白象食品股份有限公司才在大众的帮助下走出困境。

4

很多人总是抱怨:"为什么别人总是排斥我?""为什么大家都不愿意帮助我?"其实在问出这些为什么的时候,你是否想过你是如何对待别人的。

别在别人需要帮助的时候,袖手旁观;别在别人感到痛苦的时候,撒一把盐。这个世界上的人际关系,难得的不是交往本身,而是人与人互相的体谅和珍惜。我珍惜你的不容易,你体谅我的辛酸和艰难。

是的,这个世界是需要相互懂得的。现在人和人之间的矛盾其实主要来源于有那么一拨人,总是惯用圣人的标准衡量别人、用坏人的标准要求自己。自己受了委屈,恨不得让全世界给自己陪葬;别人受了委屈,自己肆无忌惮地看戏和宣扬,生怕全世界不知道。殊不知,一直给别人添堵的人,总有一天会被生活狠狠地撮弄。

学会扛过很多磨难仍能向阳生长,学会体谅和珍惜别人的不容易,这样的人在未来一定能走向更美好的人生。

警惕起来，
别被坏情绪拖累

1

人最美好的时光是什么时候？

有人说，是从高中毕业到 40 岁时。在这近 20 年的时光里，你拥有最强健的身体，可以朝着自己的目标热血奋进；你拥有从头再来的勇气和机会，无论当下的经历多糟糕、多失败，都可以扭转乾坤；你拥有充满未知的明天，可以让你满怀希望地前行。

可这世上总有太多的人，他们享受着人生中最好的时光却还总是不开心。我把这样的人分成两种：一种是稍微做一点事儿就觉得自己立了很大的功劳，如果得不到肉眼可见的回报便自怨自艾，觉得全世界就数自己最委屈；另一种是不管遇到什么难事儿都不说，打碎了牙齿往肚子里咽，他的嘴巴就像上了一把锁，哪怕你再三逼问，哪怕你急得跳脚，他也很难开口说一句话。

前一种人看不到别人的好，也看不到自己做得不好的地方，只一味地觉得自己付出了所有却没得到应有的结果，一切都是别人的错；后一种人害怕身边的人为自己担心，又怕别人觉得自己不能扛事儿，于是干脆自己忍下来，背地里一个人默默地难过。

不管是前者还是后者，其实这世上没有一种坏情绪是需要你独自硬扛的。你不必一味地觉得别人对不起你，因为我们经历的一切都是命运的安排；你也不必一味地强忍难过，把苦往肚子里吞。活在这世上，我们势必会遇到很多顺心和不顺心的事情，也会遇到很多明明付出了努力却得不到回报的事情，这都是生活给我们的关卡，它让你痛苦，也促进你成长。

面对这些，我们最该明白的是，当下就是你最好的时光，我们只有这一次发光发亮的机会。所以不要把时间浪费在让我们不开心的人和事儿上。

2

小维总是不明所以地感到心情差,以至于她一度看不惯任何人,总是对别人恶语相向。

比如,领导对她要求高了些,她就觉得领导是在故意刁难她;同事公事公办、没有对她犯的错格外通融,她就觉得同事不近人情;就连父母多说了她几句,她都觉得家人们是在嫌弃她。

小维的这些情绪从来都不自己消解,而是几乎遇到每个朋友都要滔滔不绝地倾诉自己的不满。一次两次还好,次数多了朋友们也吃不消,以至于一个曾跟她很要好的朋友因为这个和她大吵了一架,从此两人再也不相往来了。对此,小维不能理解,这成了她的心病之一。

小维的心病之二,源于她总是在同事面前抱怨公司如何如何不好,以致公司内同事们的抱怨声就像感冒一样,一传十,十传百,怨声载道,陆续有人提出了辞职。最后,老板查出事情的根源,气愤地训斥了小维。这让小维很不解:"公司制度有问题,我指出来难道还成我的错了?"

郁闷的小维约我聊天,我听了她老半天的抱怨才找到她心病的症结所在。我对她说:"你有考虑过那个被迫接受你的负面情绪的人的感受吗？你有没有想过，她会不会因为吸收了这样的负面情绪，也变成了负面情绪的俘虏？换句话说，你对着别人发泄了自己的不满，将自己的不良情绪传递给别人，那个接受了你坏情绪的人本来心情好好的，就因为你的一番话心情突然一下子低落下来，她做错了什么呢？她只不过是因为跟你聊了一会儿天，却莫名其妙地遭了殃，一次两次还行，次数多了谁心里不别扭？"

小维若有所思，觉得是这么个理儿。见她如此，我继续问她："你想过你变成这样的原因是什么吗？会不会你内心的这股怨气也是从别人身上得来的？"

小维这才恍然大悟。

原来小维刚进公司时为了能快速地融入集体，常常和几个老员工混在一起，而那几个老员工只要聚在一起就会抱怨命运的种种不公：公司里的、生活中的……小维被迫长期吸收着这些负面情绪，慢慢地，她自己也成了负面情绪的传染源。

找到问题的症结，小维自己的人生也有了新变化。她远离了那些爱抱怨的人，开始积极地去接收一些能让自己变得阳光快乐的信息。如今，小维脸上的笑容变多了，看待世界的心态也越发地轻松起来。

常言道："近朱者赤，近墨者黑。"别人向你散播的负面情绪就像病毒一样，如果你不幸被这种病毒感染，你也会在不知不觉中成为一个新的病毒传染源。你很难去抵抗这种病毒,尤其是当你遇见一些足以削弱你心理防线的事情时,这种病毒就会疯狂滋长,让你的情绪像生了病一样,阴雨绵绵,于是,你开始变得沮丧、变得悲观,开始将这种有毒的情绪源源不断地传播给你周边的人……

所以远离那些爱抱怨的人吧,不要让自己的情绪生病,我们的生命那么宝贵,何必让它蒙上那么多阴影,多去感受生命的快乐难道不好吗?

3

依靠跑车拉客谋生的司机张勇和小维完全是两种人。

大学时,张勇同时做着好几份工作,再苦再累也不跟别人说,可又总是自己一个人躲起来偷偷流泪;没钱吃饭,怕亲人朋友们担心,就靠一碗泡面过一天,结果得了胃病,每每发作起来都十分痛苦;工作中被一些人当成出气筒,他不想因为自己的事儿影响身边的人,就自己忍着,结果性格越来越懦弱,也越来越不被尊重。

张勇的这些做法在他自己看来是一种很好地为身边人负责

的行为，可这实际上导致了身边人对他的不理解，大家想帮他却又无从插手，只能干着急。我问过张勇："这么多难过的事情，你为什么一定要自己扛呢，为什么不说出来让大家帮帮你呢？"张勇的笑容十分勉强："我是一个男人。"

为了做好这个口中的"男人"，张勇大学还没毕业就开始做各种兼职工作养活寡母和弟弟。后来他又在学校门口摆起了小吃摊，做起了小本生意。

我们几个朋友很能理解年纪轻轻的他为何要这般逼迫自己，为了能帮他，我们经常去他经营的摊位捧场，哪怕是毕业以后也常常一有时间就约着一起去他那儿吃饭聊天。

为了引导张勇发泄出压在心底的不良情绪，我们设置了"一起吐槽生活中的烦心事"的环节，张勇这才在我们的"威逼利诱"下慢慢地把伤心事倾诉了出来。

不再有沉重的心事压着，张勇的笑容逐渐明朗了起来。通过跑车拉客，他攒了一些钱，后来他又承包了一个小门面，把生活过得越发轻松起来，也有了时间去感受生活原本的样子。

我笑着打趣张勇："看得出来，你现在过得真的很快乐。"

张勇笑而不语。

也许我们都听过这样一些话：

"你是男子汉，这不是你应该做的吗？"

"你是姐姐,弟弟做错了事儿你就让着他一点儿行不行?"

……………

这些话像一根根钢针扎进我们心里,让我们把自己锁在被设定的角色中,去硬扛一些本不属于我们的压力,还必须笑意盈盈地向别人展示:"你看我做得多好……"

当压力过大时,适当地把它们倾诉和发泄出来,这并不丢脸,同时也是对我们的人生负责。毕竟我们知道,这个世界上有很多难以承受压力的人最终都选择了采用两败俱伤的方式来收场,而我们都不希望自己成为那样的人。

4

遇到总是很沮丧、情绪总是很低落的人,开解不了他那就迅速远离,别让自己的情绪也受到干扰;遭到巨大压力的侵袭,感觉自己无法消化汹涌而至的负面情绪时,不妨寻一个适当的时机、找一个适当的方法发泄出来,等心情平复后重新出发。总之,别在最好的时光里被有毒的情绪侵蚀,因为你我值得更好的一切。

事事有回应，是最基本的素养

1

在感情上，我是一个比较直白的人。和先生下定决心结婚，是因为我发现他真的是一个极其靠谱的人。

我不想做家务，他就立刻接手去做；我给他发消息，他怕我等久了着急，总是第一时间回复我；给我发信息很久没回，他会打电话过来确认我是否安全……

要强的我在他面前好像一个"废物"，可我们彼此都很享受这种相处模式，因为我们都觉得，在爱情中，"凡事有交代，件件有着落，事事有回应"，才是最好的沟通方式。

和这样的他在一起，我慢慢地也变成了一个"事事有回应"的人，这不仅让我深受合作方的信任，也给我的创业之路带来了非常大的助力。

思维上，有一个概念叫"认知信息差"。意思是，当你学会 A 的时候，别人早已学会了 B，如果别人不告诉你 B，那么你将永远不知道还有 B 的存在。慢慢地，你们之间就形成了认知信息差，等两个人想要在同一个频道沟通的时候，你会发现你在讲 A，而对方在讲 B，简直是"鸡同鸭讲"。

职场中也是如此。

你做了什么，接下来要做什么，现在是什么情况，领导不问，但你主动说了，就能把消息及时传递给对方，方便对方安排自己的下一步计划。可是如果你不及时落实工作，或者在对方等不及了追问的时候才沟通汇报，那么你们之间一定会慢慢地出现嫌隙。

2

我曾经的员工齐悦就是一个非常典型的例子。

齐悦是我创业以后聘请的第二个员工，她当时 20 岁刚出

第三章
有人当好人上瘾，就有人占便宜没够

头，文笔很不错，所以当时对于她的培养我是事事亲力亲为，我希望她能快速成长起来，成为我的好帮手。

好在她学习能力够快，稿子完成速度也很快。见她如此，我便放心地把大部分简单的需要沟通的工作都交给了她。

我本以为这些事情对她来说没有任何难度，但很快我就发现了她的不靠谱之处。

有一次，我给她布置了一项紧急任务，让她带领设计师在一个星期内赶制出一个活动的海报。她信誓旦旦地应下，可我等到第五天都不见有下文。这让我完全不知道这个项目当时的进度到哪里了，我又该怎么去安排接下来的工作。无奈之下，我只能去问她。面对我的问题，齐悦回答我："快了，放心。"

听了她这话，我又放下了心，继续忙手里的其他工作，直到要交稿的前一晚我依然没有收到她交上来的活动海报。我急得再次跑去问她进度，她这才结结巴巴地对我说："还没开始做……"

那一刻，我的心情低落到了谷底。可我已经没有时间想别的了，只能放下手里的其他工作，花高薪换了一个设计师，连夜赶制。

事后，我告诉齐悦："凡事都要在进行过程中及时沟通。"她也痛快地应下，说自己知道了。可接下来，接二连三的项

目到了她手里都推进不下去，气得我终于发了脾气。

辞退齐悦的那天，我艰难开口，而她更加委屈："他们交不上来，我又能怎么办……"我摇摇头，对她说："凡事有交代，件件有着落，事事有回应，这是工作中必备的素养。比如赶制海报那次，哪怕你在第五天的时候及时告知我真实的项目进度，我们都能把备选方案提上日程，这样就不会搞得差点儿失去项目以及公司信誉了。"

齐悦离开公司之后，还想在我这里兼职撰稿，但我再也不敢跟她有任何工作上的交集了。

"上下沟通"在工作中尤为重要，可有些人可能一辈子都不明白自己到底为什么在工作中屡受责备。

靠谱工作说到底是一种闭环的工作状态。你必须随时让和你共事的人知道事情当下的进展，是否有什么困难或者出现了什么问题以及可能的结果，这样你的同事或者领导才好及时对这些情况做出反应。可如果进度卡在你这里，而你不仅解决不了问题还一声不吭，那就别怪同事不信任你、给你脸色了，毕竟"事事有回应"真的是一种基本的工作态度。

3

提到齐悦自然得提我的第一个员工——李念。

没创业以前我和李念是朋友，创业以后我们成了合作伙伴。

和齐悦不同，李念身上有一种难能可贵的契约精神。

我和李念相识于写作。

那时的她还只是一个热爱文学的姑娘，没有出版过什么成功的作品，也没有固定的写作方向。那时我们常常会聊写作、聊梦想，可我们的聊天总是会被我其他的事情所打断，很多时候当她还在给我发消息的时候，我早已消失得无影无踪了。所以当有一天我发现，我和她的聊天基本上终结于我不回她时，这让我有了一丝愧疚。

后来我创业了，她来公司看我，我才真正注意到这个姑娘。

分别回家时，我冲她挥了挥手，她却提醒我："回家记得告诉我。"

本以为只是一句客套话，可等我回到家打开手机时才发现，她给我发了一句留言："我手机要没电了，如果你比我早回家，我却没回复你，不要着急哦，我应该也快到了。到家我们再联系。"

李念这样一个很小的举动却把我打动了。我想到她正在找工作,而我的公司正值创业初期,极缺人手,当下便决定等李念手机开机之后邀请她加入我的团队。

事实证明我没有看错人。

入职以后,李念总是会很及时地给我反馈工作进度,这让我对公司的大小事务都了如指掌。

我省了很多时间和精力,也更能专心地做其他的事情,我们二人的配合越来越默契。此后,李念更是逐渐撑起了一片天,不仅和我一起度过了最艰难的创业初期,她自己的能力也越发强大。

如今,她已经从一个写作新人蜕变成了已出版过数本书、文章阅读量达数十万的作者,这或许也是对她这样一个靠谱的人最好的回报吧。

"事事有回应",听起来简单,做起来其实也并不难。有可能只是一句简短的话,有可能只是一个小小的举动,可如果你真的及时反馈给了别人,对别人来说就是一种安心;反之,对别人来说更多的就是糟心。那么,当对方恰巧是一个脾气不好的人,那他不给你气受又会给谁呢?

4

我想起了《把信送给加西亚》的故事。

19世纪,美国总统有一封书信急需送给古巴盟军将领加西亚,但此时的加西亚正在丛林中和别人战斗,根本没人知道他在哪里,所以没有人愿意接手这项工作。直到一个叫罗文的陆军中尉应下了这个差事。

罗文只身一人前往,途中历尽艰险,他选择徒步三周把信亲自送到加西亚的手中,而没有选择中途放弃或者送给加西亚的部下让他们转交。然后罗文又徒步三周返回,把结果告诉了总统。他知道,他此行送的不仅仅是一封信,更是他作为一个战士对总统的交代。

其实,不管是在工作中,上下级之间,还是在日常生活中,只要涉及人与人之间的沟通和相处,都离不开"事事有回应"这样的责任心。只有做到事事有回应,别人才会放下担忧的心,安心做其他事儿,否则就会一直悬着心,时间久了很可能引起很多不必要的误会,进而让别人对你产生无法挽回的厌恶感。

记住,一个对别人有交代的人,不管是当工作伙伴还是生活伴侣,都是令人感到非常温暖和非常有安全感的。愿你我都能成为这样的人。

第四章

从无精打采到元气满满,
原来快乐可以这么简单

无论生活如何，
先去寻找快乐

1

　　果戈理说："快乐，使生命得以延续。快乐，是精神和肉体的朝气，是希望和信念，是对自己的现在和未来的信心，是一切都该如此进行的信心。"

　　母亲生病以后，我们也在不断地寻找快乐。

　　听音乐、讲笑话、看喜剧片、聊轻松的事情，每个人都把当下与死神交战的方式交给了快乐，因为我们都知道，多为病人制造快乐能让病人的情绪变好，让身体变得轻松。身体轻松了，免疫力也会随之增强，身体也就更有希望战胜病魔。

　　无论生活如何，先努力让自己快乐起来，生活才有希望。

第四章
从无精打采到元气满满,原来快乐可以这么简单

2

好友小果跟我说,他好像不经意间把快乐丢掉了。

小果大学毕业以后去了上海的一家跨国公司工作,他每天都因为工作的忙碌而焦头烂额。可他不愿意被亲人看到这样的自己,因此每当父母给他打电话时,他都假装自己过得很好、很开心,挂了电话之后,他整颗心又变得空虚和失落,常常难过得只想哭。

不仅如此,不管他白天多么累,晚上多么崩溃,一觉醒来,他面对所有的同事时都要笑脸相迎,装出一副一切安好的模样。

时间久了,小果觉得自己好像戴上了一副沉重的无法摆脱的面具,这让他喘不过气来。

我建议小果多和身边爱笑爱闹的人一起玩,可小果说:"我觉得没有一个人是真正快乐的。"

我心里一惊,意识到这是一种很可怕的情绪,小果如果不做出改变,稍不注意就会导致抑郁。于是,我把我的好友小豪介绍给了小果。

小豪是一个很能给自己找乐子的人。

小豪每天下班都会先去超市买食材,然后跟着视频里的

大厨学做菜。他有时候做得很好，有时候做得又很糟糕，可这都不妨碍他拍个照跟好友分享后把它们一口一口地吃下去。吃完饭，他会泡一个舒舒服服的热水澡或者去跑步机上跑跑步，将自己白天的压力全部疏解完，第二天再轻轻松松地去上班。

小豪从不带着坏情绪入睡，这让他每一天都过得很轻松。

小果被小豪处理压力的方式惊艳到了，于是，他也学着通过自己喜欢的方式疏解坏情绪。一段时间之后，他总算不再说自己不快乐了，反而开始把"人生苦短，及时行乐"挂在嘴边。

日子一天天地过着，很多时候，我们会因为短时间内没有任何好转的境遇而焦虑，我们既很焦虑，又害怕别人知道自己焦虑，于是我们强颜欢笑，把所有的焦虑和委屈深藏心底。可坏情绪从来不会因为我们的刻意压制而消失，它只会越积越多，最终让我们误以为生活本身就是如此糟糕。可换个角度想一下呢？谁会否认快乐才是人生中最重要的东西？我们为了任何东西牺牲快乐都是不值得的。

3

说起寻找快乐的方式，小姐妹莹莹绝对是别具一格。

平日里，莹莹总是嘻嘻哈哈的，一副活得没心没肺的样子。可是很少有人知道，莹莹这样只是因为她坚信：快乐越多，幸运越多。

莹莹的信仰在她的生活中得到了很好的印证。

比如，她去应聘一个职位，面试官一看见她明媚的笑容就被感染了，在同等实力的竞聘者中果断地选择了她。

进入公司以后，莹莹的快乐又感染了团队中的每一个人，让整个团队的氛围都变得活跃了起来。

最不可思议的是，有一次一个重要的合作方来公司考察时，正巧碰到莹莹所属的部门在开会，当时莹莹凭自己的诙谐让整场会议都进行得活泼而热烈。合作方看到员工们在会上的活跃表现，当下就决定和他们公司续签合同，合作方对此解释说："只有活跃起来才能催生出更富激情的创造力，贵公司活跃的氛围我们很是欣赏。"当然，这句话是后来经理告诉莹莹的，经理夸她为公司立了一功。获得夸奖的莹莹自此更加干劲儿十足，每天都乐乐呵呵、元气满满的。

后来，莹莹荣升主管，崇尚快乐的她把自己的快乐传递给团队里的每一个人。她总是鼓励手下人尽可能地去寻找快乐，越是工作任务繁重、压力大的时候，她越鼓励大家寻找途径发泄压力，并且还会时不时地自掏腰包给大家买小礼物，帮助大家尽可能地收集快乐、远离烦恼。

不出意外，莹莹带领的团队工作效率最高，项目总是能完成得又快又好。

当然，莹莹也有心情不好的时候。每当这种时候，她都会约上朋友去商场里"买买买"。她说："对我来说，在我的经济能力允许的范围内，用购物的方式消解心中那股无处安放的坏情绪感觉特别好，这不仅不会伤害到别人，还可以让我得到自己喜欢的东西，一举两得。"

莹莹的故事让我很难不相信那句话："爱笑的姑娘会有好运。"纵使生活可能会给予我们一些打击，可快乐就像我们的"元气加油站"，当我们拥有越多的快乐，我们就可以更快地振作起来，重拾战斗力，自然而然地，我们的生活也会跟着越变越好。

第四章
从无精打采到元气满满，原来快乐可以这么简单

4

在电影《阿甘正传》中，主人公阿甘先天不足、智力低下，他常常受到别人的嘲笑，但即便如此他也从来没有抱怨过命运的不公，反而活得很知足。因为阿甘拥有非常纯净的心灵，他的单纯让他的生活变得简单而快乐。

我常常觉得，阿甘的笑容背后藏着一种巨大的向上的力量，这支撑着他即便生活在泥泞里也能微笑着面对一切，最终也让他在自己的人生里熠熠生辉。

在充斥着柴米油盐的琐碎生活中，我们常常忘记快乐的本质，误以为一个人一定要成为伟人或者获得雄厚的财富才算成功。其实，站在巅峰的人未必就真的快乐。快乐是无形的，它是精神的营养品，是金钱买不来的。

所以千万不要为了任何事去消耗自己的生命，不要牺牲快乐去追逐金钱、房子、权力，记住一句话：能活得快乐本身就是一种无价之宝。

日子越难熬，
心态越要稳

1

创业的第二年到第三年，是我最难熬的两年。那时，人脉和经验我都没有，业务时好时坏，有时甚至很长一段时间我都接不到一个项目。

时间久了，我开始变得患得患失，偏偏这时我的一个员工又因为沟通问题导致我直接损失了几万元的项目经费，这让我几近崩溃，开始夜夜失眠。

在那段尤其黑暗的日子里，先生又刚被调去日本工作不到三个月，我不想因为自己的事儿影响他的前途，于是决定自己

第四章
从无精打采到元气满满，原来快乐可以这么简单

硬扛。可在扛了半个月之后，我的心情变得越来越糟，我觉得再这样下去很可能会得抑郁症，这才把自己的境况一五一十地告诉了先生。

先生当晚就给我订了飞往日本的机票，跟我说："别创业了，以后你就专门写东西，我养得起你。"那会儿，我怀疑自己是不是真的不适合创业，一番挣扎之下，我放弃了纠结，真的心无旁骛地去日本和先生玩了半个月。

可停不下来的我怎么能忍受自己没有事业？半个月之后，我泪眼婆娑地和先生告别了，重新回到了重庆。

整理好心情，稳住了心态，我开始重新思考自己的路。谁承想，经此一遭后重新出发，我的心态竟然越来越稳，事业也越来越好。

生活就是如此，它起伏不定，很多时候即便你不惹麻烦，麻烦也会主动找上门来。诚然，我们无法阻止一些坏事儿的发生，但我们可以调整心态，稳住自己的人生。

我曾经读过这样一个故事。

有一个鱼贩子，他住着海边的大别墅，赚着白花花的银子，可他总是忧心忡忡，时刻担心哪一天天气不好打到的鱼会变少，因此过得一点儿都不快乐。

一天他正在沙滩上散步，碰到了一个流浪汉开心地唱着歌。他疑惑极了，问流浪汉："你一无所有，怎么还能这么

快乐？"

流浪汉不解地说："我哪里一无所有了？你看我有沙滩、阳光和健康的身体呀！"

鱼贩子突然醒悟："原来只要心态好，再难熬的日子都不算事儿。"

心态正了，一切都不会脱轨；心态坏了，一点儿波澜就会让人觉得天塌地陷。人活一生，心态真的很重要。

2

要论心态好，我的朋友美美绝对算得上是很突出的一个。

美美大学学的是财务核算，毕业后也顺利入职到一家物业公司做财务方面的工作。可刚参加工作的美美每天面对一堆琐碎的数据报表明显能力欠缺，经验不足的她每天不仅要忍受劈头盖脸的训斥，还要不断地熬夜加班。本以为美美很快就会忍受不了这样的生活，可她却出乎意料地越战越勇——不仅做事儿越来越细致负责，每天上班的精神头儿也越来越足。这样的改变让她工作越来越顺手，可这并不意味着她的生活变得好过了：主管依旧有意无意地将气撒在她身上，她在职场中

第四章
从无精打采到元气满满，原来快乐可以这么简单

依然举步维艰。

在那样艰难的日子里，美美一边乐乐呵呵地以轻松的姿态应对主管的苛刻，一边把生活的重心转移到了考证上面。她白天上班，晚上回到家之后就看中级会计证的考试用书，她发誓不考取证绝不罢休。

虽然决心坚定，可考证的过程并不顺利，她坚持了5年才把证考到了手。拿到证以后的美美腰杆明显比以前硬了，面对主管的刁难，她学会了用专业知识进行回击。表现不俗并且吃苦耐劳的美美很快被公司高层领导注意到了，在某一次干部提拔时，高层领导将美美升为了财务部的副经理。

如今，美美也算是可以独当一面了。而当初那个总是找碴儿责难她的主管早已成了她的下属，每天都对她恭恭敬敬的，这真应了那句话："三十年河东，三十年河西。"

美美的故事曾在我的创业过程中给过我很大的鼓励。

一个人在什么时候最容易崩溃？其实不是遭遇苦难的时候，而是在遭遇苦难的时候看不到任何前进的希望，那才是最折磨人的，尤其是当自己的能力还配不上野心的时候，我们似乎日复一日地过着暗无天日的生活。那时你必须学会"忍"着前行、学会自己救赎自己，这样才有可能在黑暗里看到光亮。

3

我和程飞相识于整日埋头苦学的考研期，在那段漫长而煎熬的日子里，我们并肩作战，互相打气，所以我很明白在那么漫长而寂寞的岁月里，一个人熬过来有多么不容易。因此在听说程飞"二战"考研失败之后还要继续"三战"时，我差点儿惊掉了下巴。我很佩服他的勇气，但也疑惑他的选择。

"为什么都失败两次了还要继续？为什么可以忍受一个人孤军奋战这么多次？"我带着这些疑惑问程飞，程飞回答："这是我的梦想，我一定要实现它。"可我知道，他并不富裕的家庭里还有一个刚上初中、急需用钱的弟弟。我继续追问："那你的经济来源呢？"他骄傲地说："我打工存下了一些钱，刚好够我扛过这段时间。"

这时我才知道，原来他一直坚持年初去找工作，边工作边学习，到了下半年再辞职专心学习。

另一个朋友见程飞考了两年都没考上，还曾嘲笑他不是读书的命，让他赶快放弃。可程飞很坚持："如果我一辈子考不上，我就考一辈子。"结果他这一坚持又是两年，终于他考上了研究生，并且考上的还是国内数一数二的人工智能专业。

收到录取通知书的那天，程飞发了一个朋友圈动态，他附了一张屋子里堆满书的照片，写道："4年青春，寂寞孤苦皆有收获。"他变成了自己想要的样子，也让我明白了，只要熬过难挨的日子，坚持付出，就一定会迎来曙光。

相比于程飞，其实很多人在进入社会之后都会逐渐迷失自己，在或平淡或艰难的日子里，他们不知道自己要的是什么，更遑论给自己增值了。

每天朝九晚五地上班，嘴上喊着要做些有意义的事儿，却不肯真正地花时间去行动，看着别人把日子过得蒸蒸日上，自己只能急红了双眼。

这世上，弱小者形形色色，但所有厉害的人都有一个共同的特点，那就是他们都能耐得住寂寞、熬得过孤独，在孤独的时光里，他们能不断地打磨自己，发誓要变成更好的自己。

4

曾听过这样一句话："你出去看看街上的人，没有一个人是不辛苦的。"这句话我非常赞同。

这世上哪个人真的能一辈子一帆风顺？穷人有穷人的忧愁，富人有富人的烦恼，那些你觉得衣食无忧的人，也许会因为家庭关系不和而患上抑郁症，也许会因为某个打击而变得一蹶不振……

人活一世，不可能事事如意。在人生低谷的时候还能保持良好的心态，这才是能把日子过好的基础。

白岩松在其著作《白说》中写了这样一段往事。

白岩松在自己刚大学毕业的时候被分到了中央人民广播电台，可等到他去报到的时候，却被告知对方不要自己了。

面对生活给自己的当头一棒，白岩松没有选择放弃或者做出任何冲动之举，而是一个人去圆明园划了一下午的船。在平复好自己的心情之后，他直面问题并告诉自己，先把眼前的事情做好最重要。就这样，靠着强大的心态调整能力，白岩松后来渡过了一个又一个难关，最终成了知名的主持人。

现在很多人都缺乏那份"稳"的心气儿。工作上静不下心就不断换工作，直到三四十岁仍是一无所成；家庭生活中不知道包容，遇到一点儿问题就心浮气躁地争吵不休，导致家庭破裂；就连朋友之间也容不得一句玩笑话，使多年情分一朝散去……

生活不顺势必会让我们感到煎熬，可只有稳住心态，努力尝试走下去，才有可能看到后来的柳暗花明。

其实，所谓人生，本就意味着人从出生就开始了一生的修行。在暗夜中修行，在煎熬中修行，所有修行的开始都是修心。只有心稳的人，才会在面对人生的坎坷时不急不躁、不慌不忙。调整心态，学会克制，再难熬的日子都终将过去。

培养好习惯，完成元气满满的蜕变

1

我有一个很坏的习惯，或者说，很多搞写作的年轻人都有一个坏习惯——熬夜。

为了坚持这个习惯，我曾经在公司制定了一条"人性化"的规则："熬夜加班的人，特许第二天中午再来公司上班。"

对此，员工们曾一度狂欢："这个政策太棒了！"可接踵而至的却是大部分人白天精力不济，工作状态不佳。没办法，我只好取消了这个制度，让工作流程重新回到了正轨。

而我自己因为工作常常需要熬夜伏案——因为白天我几

乎都是在外面跑，不是见客户就是盯拍摄进度或项目进度，只有晚上能静下心来做做策划案、写写稿子。常年熬夜的我身体素质很差，常常失眠、头痛、没有精神。每每和合作伙伴玥玥单独出差的时候，她经常会提醒我要早睡早起，可我转身就忘了。

母亲生病以后，我开始早睡早起，每天早上6点就起床，晚上不到11点就上床睡觉了，那阵子我觉得自己好像满血复活了，身体很少生病，也完全没了疲惫的状态，每个人见到我都夸我精气神十足。

可这样的状态并没坚持多久，我又因为时常加班而打乱了有规律的作息，某天恰逢变天，我穿得又少，一下子得了支气管炎，咳得每天只能躺在床上唉声叹气。

反观我的合作伙伴玥玥，她每天早上5点就起床锻炼，8点开始处理工作，晚上11点准时入睡。多年如一日的坚持，让她尽显青春活力。

玥玥说："一个人最好的保健品是早睡早起。"

也正是这个好习惯，让玥玥工作时能时刻保持精力充沛、思维活跃的状态。

第四章
从无精打采到元气满满，原来快乐可以这么简单

2

朋友周周的身材曾一度让我非常羡慕。有人问她保持身材的秘诀，她只回了两个字："运动。"

看似简简单单的两个字，却包含了周周始终如一的坚持。从健身房的跑步机、瑜伽室，到如今自己家阳台上的跑步机、折叠起来的瑜伽垫、瘦身圈、瑜伽球等，周周对于运动的坚持几近疯狂。

她曾对我说过："如果哪天不运动，我整个人就会难受，会感觉坐立难安。"因而每天晚上8点以后，都是她的私人运动时间。在这期间她会关掉所有的通信工具，伴着能让她静下心来的音乐沉浸在挥洒汗水的愉快里。

有时候我去周周家玩，看见她大晚上在瑜伽垫上跟随着舒缓的音乐舒展身姿的时候，也会不知不觉地被她带动着一起运动。我想这就是周周的魔力。

周周的运动习惯不仅让她的生活变得十分充盈，也让她的身体素质一直都保持着很好的状态。

当同坐办公室的同事们每年体检都能查出大大小小的问题时，周周每一张检查报告单上都写着优秀；当许多同事因为工作焦虑而失眠的时候，周周每晚都会香甜地入睡；当许多女同

事为了各种各样的护肤品掏空钱包的时候，周周用的还是一些基础的护肤品——她的肌肤依旧白皙水嫩。

周周说："运动是保持肌肤年轻最好的'药'。"

这样招人"嫉妒"的她，自然还有更多招人"嫉妒"的地方。

比如，周周穿什么衣服都好看，衣服穿在她身上，就连衣服本身都好像高级了不少。因而周周后来还去兼职做过模特，这着实让她的小金库充实了不少……

一个好习惯所带来的影响是方方面面的。就像周周坚持运动一样，运动在很多人看来只是她的一个习惯，可她的生活其实早已经被这个习惯潜移默化地改变了。这就是好习惯的力量。

3

这样的好习惯，我的前同事王威也有一个。他曾经在做个人总结的时候说过，自己的生活变得美好都是因为他养成了每晚坚持读书的好习惯。

起初，王威跟很多人一样，毕业以后渐渐远离了书籍。

第四章
从无精打采到元气满满，原来快乐可以这么简单

偶然一次跟朋友逛书店，他顺手买了几本书回家，谁承想，一看还上瘾了，为了不影响正常的工作和生活，王威把读书的时间安排在了晚上，每天休息前他都要读半个小时的书，渐渐地，他还喜欢在床头柜上放支笔，看得兴起时还会在书上做很多批注。再后来，王威还会时不时地把看到的精美句子摘抄到微博上发表。

时间长了，王威在微博上收获了很多热爱文学的粉丝，随着他的粉丝数越来越多，逐渐有一些合作方开始找他合作。

如今的王威，不仅有自己的主业，还通过经营微博做副业赚钱，两份收入加在一起让他的生活宽裕了很多……

坚持读书是一种很好的习惯，它能改变我们的思想，改变我们的命运；它能让我们的头脑充满智慧，让我们更加冷静地看世界，更加有条理地做事，更加靠谱地做人。所以如果你暂时不知道自己该养成什么样的好习惯，那么，不妨坚持读读书，长此以往，你一定会收获很大的惊喜。

4

很多厉害的人身上都有一些能让人受益终身的好习惯。而在日常生活中，我们每天也都在接触习惯：准时睡觉是一种习惯，饭后吃水果是一种习惯，打游戏也是一种习惯。习惯是一种深入人潜意识中的力量，它不需要监督，也不需要主观意志去配合，一旦养成它，它便会影响我们的生活。

一个人的习惯，影响着他一生的走向。所以，我们一定要趁年轻及时筛选出那些能让我们变得更好的习惯，然后持之以恒地坚持下去，让它改变和滋润我们的余生。

高段位的人生，
要爱己又爱人

1

身在单亲家庭的我，对完整家庭的温暖是十分羡慕和渴望的。认识先生以后，我明目张胆地"嫉妒"他，我"嫉妒"他在一个有爱且开明的家庭中长大，"嫉妒"他因此活成了一个温柔体贴的绅士。

第一次跟先生回他的老家，我又激动又害怕。我很开心终于可以见到他的亲人，又害怕成长于单亲家庭的我会让他们有所顾忌。不过从我踏进他家门的那一刻，我的这些情绪就被消解了。

叔叔亲自为我下厨，阿姨冒雨去外边给我买感冒药，一家人团团圆圆地坐在一起有说有笑，周围充溢着满满的幸福，我像回到了自己家般轻松自在，这让我差点儿忘记了自己是第一次去他家。

后来，母亲得知自己生病之后，常常背着我向先生交代后事，本想过几年再结婚的我们只得把结婚这件事儿提上了日程，可有太多问题都需要我们解决。

比如，先生的家人远在河南，我的母亲在重庆，双方父母年纪都大了，长途奔波太辛苦。

比如，疫情导致大家都无法出行，这意味着我们双方的父母都无法见面，也无法商量婚事。

比如，受疫情影响，无法在原定的好日子里做一些重要的事儿……

针对这些问题，我们在分别和家人商量后做了一个决定——我们先领结婚证，双方家长后见面。如今想来，我们都觉得这样的决定非常大胆，可感谢有爱的家庭，我们的家人是如此信任我们两个人。

在和先生成为一家人之后，他的家庭时时刻刻都在治愈着缺爱的我。而我和他也在用自己越来越多的爱回馈着我们身边的每一个人。我这才明白，原来"高配人生"不能缺少的还有爱。

第四章
从无精打采到元气满满，原来快乐可以这么简单

充满爱的人生可以带给我们活在当下的勇气、面向未来的希望和直面过去的坦诚。幸福的人生往往来自"内爱"的饱满。爱家庭，爱家人，爱伴侣，一个人永远不能丢掉的一定是爱。

2

诺贝尔和平奖获得者特蕾莎修女是一个一生都在爱别人的人。她可以在街头用手握住快要横死街头的穷人，给他们临终前最后一丝温暖；她可以在病人临死前亲吻其脸颊，让其安心地睡去；她为了给在柬埔寨内患中被炸掉双腿的难民送去轮椅，四处筹集医疗资金；她还会仔细地从人们溃烂的伤口中拣出一条条蛆虫……

特蕾莎修女一生都在做穷人们说话的喇叭，她把自己的小爱化成了人间大爱，用自己的一生去做一个传播爱的天使，她说这就是她活着的意义。

人类之所以为人类，不仅仅是因为我们拥有其他动物难以企及的智慧，也是因为这个原本冰冷的人间需要人类把爱传播到人世间的每一个角落。

3

芹姐一直是一个非常厉害的女强人,她做事果敢,也有足够的狠劲儿和拼劲儿。本以为这样的芹姐已经算是人生的赢家了,但是她跟我说:"我曾经一直缺少一份爱。"

芹姐想要的爱情,第一任老公并没有给她,两个人没有共同话题,即使每天住在同一屋檐下,他们也像陌生人一般毫无交流。

芹姐受不了这样的日子,在某一个很普通的日子里,她离开了那个貌合神离的家庭。其实那时的芹姐已经和她老公打拼出了一片天地,两个人好不容易熬出了头,积累了一些财富。所以面对芹姐的决定,她身边的大部分人都不能理解。可芹姐非常清醒,她知道自己在别人眼中所谓的"折腾",只是为了追寻自己心中想要的那份爱。芹姐用一句话狠绝地回答了所有人的质疑和奚落:"我并不想所有人都能理解我,我也知道我要的是什么。"

离婚之后的芹姐几乎算是净身出户,她从头开始生活,一个人走了很长的路,也遇见过无数个喜欢她或者她喜欢的人,但她终究没有遇到自己想要陪伴终生的那个人。

直到四十几岁,依然没有遇到良人的芹姐开始做慈善活动。她不仅给贫困地区的孩子们捐款,还把实实在在的物资给到了需要它们的人,芹姐就这样散播着自己的爱,从来没有放弃过对生活的热忱。

直到在某一次慈善活动中,芹姐终于遇到了如今的爱人,他们惺惺相惜地走到了一起。

如今,每次看芹姐的朋友圈,我都会看到一个满眼都是爱的小女人和一个满眼都是她的大男人。不认识她的人可能根本不会想到,这个在朋友圈里娇嗔可爱的女人竟是在职场上果断从容的女强人。

我们总会对那些沉浸在爱里的人投去羡慕的眼光,认为他们很幸运,可我们却常常忽略了幸运的他们其实还有一种很厉害的能力——他们自身有爱又能爱人。这样的他们似乎比别人多了一道无形的腰牌,在做任何事情的时候都更有底气。这是一种很奇妙的感知,但我们不得不承认,活在爱里的人总是会有更多的赤诚和真挚。

如果说人世间有什么东西值得我们拿一生去追求,有什么值得我们一往无前,那大概就是爱了。活在爱里,懂得爱人,是高段位人生的标配。

恰到好处的仪式感，是对生活的加冕

1

近几年，越来越多的人开始注意到"仪式感"这个概念。什么是仪式感？

有人说，仪式感就是"它能使今天与其他的日子不同，使这一刻与其他的时刻不同，而正是这些不同，让我们的生活有了盼头，有了乐趣，有了值得纪念的意义"。

在生活的重负下，人们除了承受生活的苟且，还应该有诗意的远方。而这个"远方"不仅仅是指远处的风景，更可以是我们身边的仪式感。恰到好处的仪式感，是对生活的加冕。

第四章
从无精打采到元气满满，原来快乐可以这么简单

正如诗句"闲上山来看野水，忽于水底见青山"，生活的仪式感就仿佛"忽于水底见青山"，让平淡无奇的生活有了那么一滴浓墨重彩，让我们把生活的压力暂抛脑后。

2

我有一个"仪式感爆棚"的朋友玲玲，她是一个做什么事儿都要仪式感满满的姑娘。

早上起床后必须亲自做一顿精致的早餐犒劳自己的胃；一周5个工作日，每天都穿不同的职业装，每天穿的鞋子不仅要干干净净，还必须能完美地搭配自己当天的职业装风格；隔三岔五就会给自己买一些心仪的小礼物，到了大小节日更是会拍照发朋友圈纪念……

这种精致的生活方式在她眼里是对自己繁忙生活的一种犒劳，她也很享受这种仪式感满满的生活。

可这样的玲玲在有了男朋友以后却一度陷入了苦闷，因为他们总是会为了名目繁多的仪式感吵架。

后来我才从她男朋友的口中得知原因："很多女生都喜欢仪式感，这我知道。可是仪式感也不能制造得太多对不对？

一个我根本没听过的节日她也要大张旗鼓地过，这不是过分了吗？还有她每周都要打扫房间就算了，甚至连沙发和床都要搬开彻底清扫，我已经很累了，周末只想睡睡懒觉，休息一下，可她根本不顾及这些，每次都强迫我跟她一起做这些事。还有那些小礼物，她跟我要了一个又一个，我让她自己挑选她喜欢的东西，我来付款，她又说我不在乎她，我真的快受不了她了……"

我把这些话转述给了玲玲，玲玲显得也很委屈："可是，生活需要仪式感啊。"我说："生活确实需要仪式感，但是凡事过犹不及，不能因为这个不考虑别人的感受，也不能因为这个影响了正常的生活，你说对不对？"玲玲好好反思了一下，觉得自己对某些仪式的执着确实有些过头了，于是跟男朋友道了歉，也慢慢地改掉了过于看重仪式感的习惯，两人终于又言归于好了。

现如今，很多人都像"翻版玲玲"。他们不断地强调仪式感的重要性，经常把"生活需要仪式感"挂在嘴边。殊不知，只有恰到好处的仪式感才是对生活的加冕，如果刻意制造过多的仪式感，只会为我们本就繁重的生活增添负担。

3

过去阿瑶的生活过得很糟糕,用她自己的话来形容就是:"日子每天都在走,就是不知道今天以前自己到底干了什么。"为了更深刻地理解生活,阿瑶决定将自己每天的生活记录下来。

她最先想到的办法是记日记,可工作的繁忙总是让她没有太多的时间,有时候即使有了时间她也宁愿多睡一会儿,所以记日记这件事儿她没坚持几天就放弃了。

后来,她偶然收到了朋友送给她的一本手账。她觉得新奇,也觉得做手账好像很有意思。于是她购买了五彩斑斓的画笔和胶带,打算以画图做手账的方式来记录生活,她还准备了一个快速成像相机,把和朋友一起看的电影、自己在街上看到的风景、朋友家人之间或温暖或搞笑的片段等都拍下来,全都粘贴进手账里,还在下面用简笔画做好标注,以便让自己在多年以后还能迅速回忆起来。

一本手账做完之后,她会把那本手账送给相关的朋友。她说:"我们最怀念的不是多年以后从自己的家里翻出来的东西,而是从别人家里翻出来的属于我们共同的回忆。"

阿瑶每天的生活依旧忙忙碌碌,可她的生活也开始像诗一样了。她说通过做手账来记录生活这件事儿是她近些年做出的最大的改变，也是对生活最具仪式感的致敬。

4

我曾看到知乎上有这样一个问题："为什么我们需要仪式感？"

有个答主是这样回答的："仪式感就好像一道曙光照进我们的灵魂，让我们知道自己还存在。"

这让我想起了奥黛丽·赫本主演的经典影片《蒂凡尼的早餐》，里面有这样一个小片段：赫本饰演的霍莉穿着黑色的小礼服，戴着珠宝首饰在精美的橱窗前坐着，她优雅地将早餐吃完，而手里的面包与热牛奶就仿佛是她全部的希望。

这个镜头在多年以后的今天仍然让我们感到惊艳。霍莉就餐的仪式感仿佛一束光照进苍白的现实生活中，也照亮了霍莉心中美好的向往，让那些原本很普通的东西变得光彩照人。

生活需要仪式感。它让我们把珍贵的回忆框起来，留待日后去翻阅；它让苦难的生活变得如诗般美妙——即使只是吃一顿简单的早餐，你也会觉得它是如此与众不同。

第四章
从无精打采到元气满满，原来快乐可以这么简单

生活很多时候是很艰难的，恰到好处的仪式感就是那一抹糖，倘若你偶尔心血来潮时给生活增加一点儿仪式感，你会发现原来美好的风景就在你身边。可同时你也该明白，"需要"并不等于"过量"：你无论什么节日都要买礼物，你做任何事情都要仪式感，你喜欢大大小小的约会和各种各样的惊喜……可那个陪你去做这些事儿的人呢？他是否有时间、有精力、有金钱，是否有和你一样的对仪式感的执着追求，这些都是需要仔细思量的。

不要把自己关于仪式感的执念强加在别人身上，因为有些对你来说是仪式感的东西，或许对别人来说却是一种负担。强行制造过多的仪式感，于人于己都终是疲惫。

所以啊，关于仪式感，适量就好，千万别"贪杯"。

有行动力加持的人生，才不会失去活力

1

我有个朋友，从国外留学回来后，很看不上国内企业的管理模式和经营模式，再加上自小在夸赞声中长大，更加眼高于顶。

他执着于创业，可又完全没有创业方向，每天都只是宅在家里绞尽脑汁地想方向。可接连几个月的宅家生活似乎逐渐让他忘了初衷，他每天打游戏的时间越来越多，创业的事儿提得越来越少，我每每提醒他，他都振振有词地说自己在思考，甚至说头脑里已经有了几个方案，只是暂时还没找到合适的机会展开行动。

第四章
从无精打采到元气满满，原来快乐可以这么简单

可是创业如果一直停留在"想"的阶段，那还是创业吗？

不光是创业，其他任何事情都一样，没有什么事儿是单凭空想就可以完成的，所有的策划、方案只有尽快行动起来、把它落到实处，才是最靠谱的。没有行动力的人生，只会逐渐失去活力和方向，终是一场空想。

2

丽丽比我小两岁，我认识她的时候，她已经在市中心开了一家生意火爆的蛋糕店。她每天都风风火火地做着手里的工作，可她告诉我，曾经的她其实是个慢性子的人。

开会慢吞吞地最后一个到场，整理凭证慢条斯理地翻找半天，就连打印加急资料她都是一副不慌不忙的样子。同事和领导曾多次催促过她："丽丽，你做事儿能不能快点儿？"可二十几年来的慢节奏状态已经渗入了她的性格之中，她无从下手改变。于是，领导的不欣赏、同事的抱怨以及工作的扎堆累积，让丽丽的生活充满了阴霾，就连丽丽的家人都不断地吐槽她"做事儿慢、耽误事儿"。

这样慢性子的丽丽，最终被公司劝退了。

宅在家里的丽丽陷入了对自己的怀疑中，整天过得浑浑噩噩的。为了改变自己的状态，丽丽决心去学自己喜欢的烘焙，她觉得只有和喜欢的东西在一起才会找到快乐。

那段时间，丽丽学得很认真，也很喜欢把自己做的蛋糕带给朋友们吃。后来，一个朋友对丽丽说："你这手艺可以去开家蛋糕店了。"从此丽丽的创业灵感就被激发出来了，她立刻动身去办理了营业执照，反倒是朋友笑她："这么急干吗？"

丽丽说："想到就要立刻去做。要给自己压力才能快速行动起来，不然我永远都是个慢性子的人。"这句话后来成了丽丽的座右铭，跟随着她把想法变成实体店，把实体店从郊区搬到了市中心。

后来，来她店里的客人越来越多，她更加得让自己快速行动起来。就这样，丽丽很少再从别人嘴里听到那句"你快点儿"，反而变成了如今的这个急性子。

丽丽对此也深有感触："只要你比别人行动快，你就一定可以比别人走得更远。"

行动力有时候就是这样一种能力，它能够驱使我们走向自己心中向往的远方，能够让我们找到更多人生的意义。如果现在的你行动迟缓、没有活力，那就想方设法给自己一点儿压迫感，迫使自己赶紧行动起来吧。

3

除了给自己压迫感以外,张颖的"目标折中法"也是一种提高行动力的好办法。她的这个办法是从减肥过程中总结出来的。

张颖并不高,可体重却曾将近65千克,为了减肥,她尝试过跑步、不吃晚饭、喝减肥茶……一系列大众熟知的方式她都试过,可每次都坚持不了多久。为此,张颖曾一再感叹:"或许我这辈子注定都是个'矮大粗'了吧。"这个认知曾一直打击着张颖的自信心。直到张颖认识另一个热衷减肥的姑娘小方之后,这句话才从张颖嘴里消失。

小方曾经是一个胖姑娘,可如今她已成功地减去了20多斤,完全是个身材匀称又健康的姑娘。因此,张颖看到小方仿佛找到了知己,坚持要跟小方一起抱团减肥。

两人约定好每天跑步1千米,并记录在打卡表里。刚开始一两天时,张颖很有激情,还把自己的目标改成了每天跑步5千米。可到了第五天,张颖就懈怠了,她觉得自己设定的目标太高了,很难完成,久而久之,她宁愿看着打卡表发呆都懒得再行动起来。

反观小方,她每天下班之后都会到健身房的跑步机上跑1

千米，不管是刮风还是下雨，她都会坚持下去。一个月下来，小方和张颖的减肥打卡表差距很大。

张颖很无奈："我坚持不下去，我行动力太差了。"

小方拿出自己月初和月底的腰围体重数据记录表告诉张颖："1千米看起来很少，但当你能完成它，你就会获得成就感，这样更有利于你坚持下去；反之，每天跑5千米这个目标对于你来说太高了，当你老是完不成时，慢慢地就懈怠了。"

张颖这才明白，自己平日里想做的很多事情之所以坚持不下去，就是因为把目标定得太高了，以至于看到它就不想行动了。于是从第二个月开始，张颖学着小方，把一个月的目标折中成了自己能够完成的量。

如今，半年过去了，张颖真的每天都在坚持着，减肥效果也很明显。张颖很开心，她切切实实地感受到了目标折中法的魅力，并且开始把这个方法运用到生活和工作中去。不管是短期目标还是长期目标，张颖都会给它们定个折中数，把目标降低到自己能完成的能力范围之内，这样她就不会因为目标难以完成而变得倦怠，行动起来也会加快。

虎头蛇尾的事情相信我们都曾做过很多，究其原因，大部分都是目标过于高远以致我们难以做到，从而挫败感满满，就失去了坚持做这件事儿的动力。可生活是一门学问，从来不需要你交上100分的答卷，它需要的是你能坚持下去的行动力。

4

嘴上说的和行动不统一，是很多人身上存在的缺点。

比如，我身边常常有朋友会跟我说想来我公司兼职写稿赚钱，可等我将写作技巧教给对方之后，对方又没了下文，过了很久也不能真正行动起来去写哪怕1000字的稿件，到最后只会羡慕别人通过写稿实现了财务自由。还有一些人更离谱，他们会不断为自己的拖延找借口，不断地说"下一次""明天""下个月"……

大家都知道，有一句话叫"机会是留给有准备的人的"，可它的下一句却很少有人知道，那就是"你要先学会伸手捉住它"。当机会摆在我们面前时，如果我们连伸手的行动都做不出来，那机会又怎会落入我们手中，就更不用谈我们想要的成功了。而我们之所以会觉得某些人很厉害，值得我们信任，很大程度上是因为这类人对于行动的付出是十分及时的。他们想做什么就去做，说了什么就去做什么，从来不会拖延，也不会等待，哪怕最后跌倒了，也会把它当作丰富自己生活的一种经历。

5

有句话是这样说的:"喜欢什么就去做,行动起来才能得到你想要的一切。"

富兰克林年幼时家境贫寒,可他偏偏对读书十分喜欢。为了满足自己的这份热爱,富兰克林做了很多事儿,从自己省吃俭用、攒钱买书到找人借书,富兰克林始终在读书这件事儿上不懈地行动着。

后来富兰克林当了美国总统,成了一代伟人,被历史铭记,让人同样铭记的还有他的知识渊博。换个角度想想,倘若富兰克林只是嘴上说自己喜欢读书,却不快速行动起来,那他绝对不可能获得之后的成就。

所以,你的行动力决定着你的能力和成就有多大,就像拿破仑所说:"行动和速度是制胜的关键。"清楚自己内心想要的东西后,就立刻行动起来吧,千万不要放过任何一个属于自己的机会。

生活没那么美好，但也没那么糟

1

2022年春节，母亲确诊癌症，医生递给我们的诊断书如晴天霹雳一般打碎了所有的美好。

我觉得日子突然变得糟糕极了，整日以泪洗面，想不明白，为什么辛苦了一辈子的母亲到了该安享晚年的时候却被这样对待。

可生活不会等你想通了才继续。

我和先生停下了手里所有的工作，陪着母亲走上了抗癌之路。住院、检查、手术、住进重症监护病房……爱笑的我很

讨好自己，
婉拒一切不开心

少再笑过，直到医生把"经化验，病情还处于发展期"的结果告诉我们。先生开导我说："你看，病情不是晚期，还没有那么糟，还有希望。"

至此，我才稍微放松了一点儿，慢慢地试着重新振作起来。

我觉得我仿佛变了个人似的。我遇事儿不再慌张，笑容常挂脸上，不再整个人都扑到工作上，而是放慢脚步，换着法儿地去珍惜时间，去体会身边的美好。我们一家人开始计划定期出去旅行，研究每天怎么吃饭更有营养，讨论怎样更高效地完成心中的梦想，让彼此不留有遗憾。

生活就是这样，常常在你觉得美好和松懈的时候，给你一个措手不及的打击。然而生活有时也没有那么糟，它没有给你最坏的结果，已然是对你最好的庇护。

换个角度想想，其实再难的生活，它给你带来的也绝不会全部是荆棘，一定还有机会、反思和经验，如果你能抓住这段时间，对自己的生活进行全面的思考和总结，你的境界一定会发生翻天覆地的变化。就像曾经只知道奋斗的我一样，如今有了很多时间去完成一些能让自己这一生不留遗憾的事情，这已经是生活给我的非常大的恩赐了。

所有我们当下遭遇的逆境，其实都是涅槃重生的必经之路，即便需要经历更多的荆棘和痛苦，但即使是爬，也请一定要坚持爬过去！

2

黄哥曾经就是一个被生活折磨得痛哭流涕的男人。

刚毕业没多久,由于双方家长都不满意他们的恋情,两个人双双被父母赶出了家门。在没车、没房、没存款、没父母帮助的情况下,两人执意扯了证、结了婚,连酒席都没办。黄哥老婆生孩子的时候,两个人手里只有2000块钱的存款,他四处找朋友借钱才得以撑过去。孩子出生后,为了给孩子挣奶粉钱,他一天要做三份工作,每天只睡三四个小时。

曾经潇洒的他如今变得沧桑了许多。朋友相聚时他也不再聊游戏和八卦,而是聊房子、车子、票子、孩子,以及到底怎样才能让全家人都过得好一点儿。

后来,黄哥为感谢我们这一群朋友在他的孩子出生时给他的帮助,执意请我们吃了一顿饭。

那天晚上,黄哥聊着聊着眼里就泛起了泪花儿:"以前我们都盼望着自己要快些长大,这样就能想做什么就做什么了。可现在才知道,长大一点儿都不好,什么都压在你身上,让你没有一丝一毫喘息的空隙。"

我劝黄哥想开点儿,成年人的世界本来就不轻松。黄哥却又高兴了起来,他笑着说:"是啊,能怎么办呢,每天就高

讨好自己，
婉拒一切不开心

高兴兴地去上班、高高兴兴地回家呗，像什么都没有发生过一样地继续生活。这或许就是成年人的世界吧。"

有着这样领悟的黄哥在孩子满一岁之后，辞去了高薪的销售工作，又向我们每个朋友借了一点儿钱，开始自己创业。他说："人生还是要笑着走下去的。"

如今，好几年都没见他再哭过。

也许，当告别青年、走向成年之后，我们才会越来越明白，在成年人的世界里，每个角色都有自己的苦衷，遇到难处，你唯一能做的就是尽快擦干眼泪，擦净鼻涕，笑着走下去。

3

超哥也是一个经历了数次人生大起大落的人。听着他那些起起落落的人生故事，你才真的明白什么叫作"成年人的世界，从来都不轻松"。

年轻时候的超哥错过了好好读书的最佳时机，因为学习成绩实在不理想，他不得不在高中毕业之后就去打工。

那时，没有大学学历的超哥只能从最辛苦的底层工人做起,并且他还得每天早出晚归,即使生着病也得熬夜加班,他也知道,拖垮自己的身体只会让父母担心。看着父母整天忧心忡忡的样子,超哥最终还是换了一份稍微轻松点儿的工作。

可哪有什么真正轻松的工作,不过都是胆战心惊地讨生活罢了。超哥好不容易熬成了公司的"一把手",却因为职场的恶性竞争被人从原本的位置上拉了下来,被迫离职。后来他找了另一家公司上班,可又因为市场环境不好,公司倒闭了。

就这样,超哥前前后后大概换了六七家公司,最穷的时候吃包泡面都得靠跟朋友借钱。好在艰难的日子总算熬过去了,超哥的生活终于逐渐好了起来。他在自己的努力下,和父母一起凑够了一套小房子的首付,他终于有了一个属于自己的家。可接下来,他又开始为每个月的房贷发愁。

超哥曾跟我说过一句话,我觉得非常值得细品:"每天一睁开眼,你的眼前全是柴米油盐酱醋茶。"

是啊,到大街上随便找一个年迈的老人问问,你就会发现,一个看上去再普通不过的老人,他这一生经历的风雨也多到没法儿数清。生活有太多苦楚,是真的没法儿用语言能表达明白的。

你付出了全部的力量去换取未来,到头来却发现自己还是在艰辛地过着生活,这种感觉就像所有的希望一下子落空,孤独感能瞬间蔓延至全身。于是,你开始怀疑:活着到底是为了什么。但在日复一日、年复一年看似重复而又劳累的生活里，没有谁是轻松的。你过着的生活，这世上每一个燃着灯火的房子里的人，都在过着，没有谁比谁更容易。

其实，活着的意义就是活着本身。你只需做好自己该做的，带着一颗平静的心去好好品味这仅此一次的人生。

4

生活给了人太多的委屈。可其实只要我们好好活着，任何难关都是小事儿。是啊，"除了生死，皆是小事儿"。

这让我想起了孩提时代看的电影《当幸福来敲门》，影片中，男主人公克里斯·加德纳不断与生活抗争的勇气，是这部片子的核心和动人之处。

克里斯的妻子离开了他和6岁的孩子，而他为了养活自己和儿子不断地遭遇失败、辱骂和挫折。可经历过无数大起大落的他，依旧教育儿子要笑得开心。

那时，我只觉得主人公克里斯的精神值得敬佩，如今成年再回头来看时，我才忽然间泪流不止。

这部电影对生活的刻画非常典型。

第四章
从无精打采到元气满满，原来快乐可以这么简单

为了生计奔波的克里斯就好像是生活中的每一个人。克里斯尝试过各种各样的工作，也不断在失败和希望中抗争，后来经过自己的努力，终于成了一家投资公司的正式员工。

影片的最后，克里斯忍着眼泪颤抖着走向茫茫人海，那或许是一个成年人对生活的另一种阐释。

从懵懂到成熟，成长其实是一个很糟糕的过程。它就好像是把你打碎了重铸，让你变成世界想要的样子，这样你才能更好地按照世界的规则活下去。重获新生的过程必然是痛苦的，并且你不得不面对这样的痛苦。但成长又是一个非常美好的过程，它给了你懵懂的悸动，又给了你一路收获的惊喜。

我想孩童和成年人最大的区别就是：儿时觉得死很难，长大了才发现，原来活着才最难。活着让你在世上有了无数的牵挂，可它又让你过得不那么洒脱快意。不过大家又都是如此，也正因为大家都是如此，才让复杂的人生有了别具一格的风景。

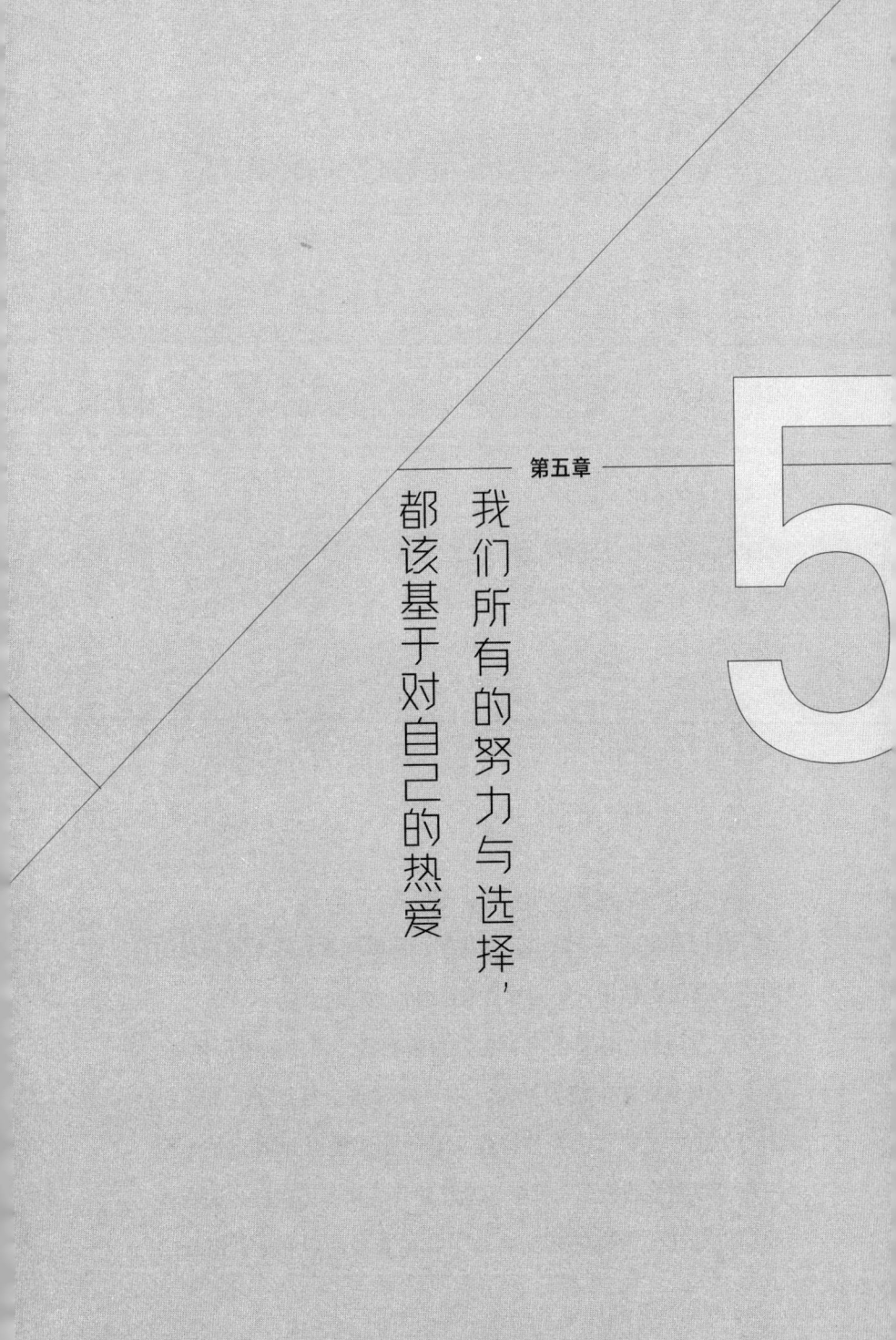

第五章

我们所有的努力与选择,
都该基于对自己的热爱

5

懂你的人，
才配得上你的余生

1

和先生刚认识那会儿有很多趣事儿。

我们喜欢同一个歌手，喜欢同一首歌，喜欢在学校门口的同一家餐馆吃炒菜，更同样喜欢随性而为的生活方式。

恋爱初期，他常常穿着拖鞋跑来看我，而我也懒得化妆，蓬头垢面地就跑下楼去见他。有一次我着急赶稿子，五天没出门，也没洗头，头发油得连头发丝儿都根根分明。忙中偷闲地去跟先生约会，一看他，竟然跟我一样，原来他也因为连续加班好几天没有好好洗漱了。我拍着他的肩和他同时哈哈大笑："怎么世上会有我们这样的情侣！"

家人戏称我俩臭味相投，像两个长不大的孩子。可我和先生却深刻地明白，我们是最适合彼此的人。在先生面前，我所有的心思和情绪都会被他看穿，他会像呵护小孩一样呵护我，而我也是如此。我们没有刻意制造过太多的浪漫，却觉得每一天都过得很踏实、舒心。我们常常会想，如果不是碰到了彼此，或许我们真的宁愿各自单身过一辈子。

好的爱情是互相喜欢，更是互相懂得。和懂你的人在一起，内心不会有那么多的委屈和埋怨，生活只有开心和舒适。

爱情之所以存在，首先是因为爱，可爱情想要长久地存在，却离不开节奏合拍、脚步合拍、思想合拍、行为合拍。不合拍，就很难产生情感共鸣，也就很难两个人一起开心，一起笑，一起去感受生活的点滴美好。

2

嘉瑞今年 48 岁了，她没房没车，也没有老公和孩子，不了解她的人可能会觉得她过得很凄惨，可其实她比谁都过得轻松自在。

讨好自己，
婉拒一切不开心

嘉瑞就是用自己的行动告诉身边的人，如果我们迟迟遇不到懂自己的另一半，那我们也没必要一定得按照世俗认定的轨迹结婚生子，偶尔和别人活得不一样也是一种生活态度。这个道理，嘉瑞在二十几岁的时候就知道了。

二十几岁时，嘉瑞还是一家国企的工作人员，拿着不高不低的工资，领着还不错的福利，那些同龄人的压力，她从来都没有体验过。可这样的生活过久了，嘉瑞觉得自己的激情都快被磨光了，一眼就能望到头的日子一度让她感到很焦虑。为了改变现状，她毅然决定辞职并出去旅行。

而我就是在这个时候与嘉瑞相识的。

那时的我不过是一个刚刚高中毕业、趁着假期出去游玩的学生。或许是我内心过于早熟，对于嘉瑞内心的那些复杂的感受，我竟然十分能理解，我明白她只是想从旅行中找到那个本该激情澎湃又斗志昂扬的自己。

短暂的接触过后，我回校继续读书，嘉瑞也继续上路了。她去看了山、看了水，品味了很多地方的风土人情，之后又出国，还凭着自己不错的外语水平在异国他乡寻了一份很有趣的工作，长期留在了那里。

我问她为什么要选择留在国外，她说："人到了某个年纪，追求的就不是安稳，而是有趣了。"

直到现在，嘉瑞都没有改变初衷，她一直带着她身上的这份有趣，边工作，边写作，边旅行。

当然，嘉瑞的父母总是催她结婚，可嘉瑞没有妥协，她一直在寻找那个和自己灵魂契合的另一半。她说："我宁愿单身一辈子，也不想浪费自己仅有一次的生命。"

有时候，我会不由自主地感叹嘉瑞这个姑娘太励志，但或许只有嘉瑞自己才知道，她要的从来都不是什么所谓的"励志"，她等的也从来都不是一个结果，而是一个过程。这个过程是从"某某的孩子"变成一个独立自主的成年人的过程，是一个挖掘真实的自己、找到自己活着的意义的过程，是一个终生都在追逐的过程。那是生命赐予我们的激情，无关年龄，只关乎我们的渴望，比其他任何东西都来得更为真实。

3

在医院陪母亲治病时，我认识了隔壁床一对结婚 50 多年的夫妻。这对年迈的夫妻从未吵过架，即使现在已经白发苍苍，却依旧像刚认识时一样甜甜蜜蜜的。问及秘诀，老奶奶是这么跟我说的："我在学校教课时，无论下班多晚，老头子都会开车去接我。吃了饭，我会去卧室备课，把客厅留给他看电视、看报纸，这个时间段我们通常都是互不打扰的。

"我不开心时会牵起他的手，一起出去散散步。他无聊时，会约上两三个我们共同的好友，一起去度假。

"我们两个都很能理解对方的情绪，也能明白对方在家庭、社会中所承担的压力。所以，我们都懂得给彼此留空间、解情绪、疏烦恼。"

和懂你的人在一起，你的眼泪、笑容、快乐、委屈、辛酸、疲惫，他都懂，他可以做你贴心的暖宝宝，也可以做你最坚强的依靠。这样的人才值得我们用一生去陪伴。

4

人这一生，最怕因为到了某个年龄段就强迫自己去做"该做"的事情。

其实，二十几岁也好，四十几岁也好，七十几岁也好，它们不过是一个个数字，除了能让你的皮肤上多出一些生活的褶皱外，并不能代表什么了。

所以，谈恋爱、结婚都别太着急，等真正对的那个人出现，把最好的自己留给懂你的那个人，再晚都不会迟。

别被标签束缚，取悦自己才是正经事儿

1

侄女高考结束后给我打来电话："姑姑，我不知道我大学该选哪个专业。妈妈让我选会计，但是我想学英语。"我反问她："以后你想从事什么职业，是当会计吗？"她沉默了一会儿回答我："我知道了。"

发小儿面对择业难题，请我吃饭："一个是去银行拿稳定的薪资，一个是去高薪房地产行业打拼，我该选哪个？"我反问他："你以后想过什么样的生活？你何不仔细考虑考虑自己的内心所向以及这个职业的未来前景？"他豁然开朗。

朋友在一段爱情中纠结痛苦,她说:"留在他身边没什么好的,可是我又离不开他,每次闹分手我都好痛苦。"我帮她分析:"那你过得快乐吗?哪一种选择会让你从内心感到踏实和舒心呢?"

其实,想过什么样的生活,选择什么样的职业,和什么人在一起,我们内心都有自己的判断。很多人在面对选择时之所以犹犹豫豫,不过是因为不敢直面内心想要的东西。

2

薇薇曾经是一个走什么路、过什么样的生活都被家人安排好了的人。

大学毕业之后,薇薇听从家里人的安排去考了公务员,之后很顺利地在一个基层小单位里工作。基层的日子时而忙碌、时而清闲,可每天的工作都没什么新意。时间久了,薇薇开始思考自己人生的意义,她不知道自己为什么要每天坐在同一个地方干着自己并不喜欢的工作。而且她发现自己即使每天都过着两点一线的生活,她依旧没有很多时间去经营自己的生活,这些年的时光除了留给自己越来越高的发际线之外,什么

第五章
我们所有的努力与选择,都该基于对自己的热爱

都没有留下,而反观同龄的同学、朋友,他们个个都把日子过得有声有色的。

"那一刻,我产生了一种感觉,我好像一下子顿悟了,曾经的生活方式被我全部推翻,我的人生观都受到了巨大的冲击。"

因为思想上的巨大转变,薇薇开始极度渴望做出改变。可她总是刚一提出来自己的想法就被家里人批评和制止,直到她和父母大吵了一架之后搬出家里,她说她这次一定要按照自己喜欢的方式去生活。

开始了新生活的薇薇拿出自己多年的存款和朋友一起投资了一家小小的服装店,在他们努力经营之下,服装店的生意越来越好。如今,薇薇终于过上了自己喜欢的日子。

"这样的日子很累,但也给了我想要的那种感觉。累并快乐着,我觉得这样的生活才有意义。"

或许对于薇薇来说,只有跌跌撞撞地生活,多去体会生活的酸甜苦辣,才能感受到自己的存在。薇薇不想成为一个麻木的工作机器,所以她从不后悔,也足够庆幸自己适时地做出改变。

很多父母都教育孩子要听话,于是有很多孩子变成了父母的傀儡,父母想要我们成为什么样的人,我们就要做什么样的人。诚然,父母都是为了孩子好,可如果我们并不喜欢父母

安排的生活，那么我们就该先问问自己想要成为什么样的人。自己内心真正想要的生活才是最适合自己的，也才是最能取悦自己的。

3

周琴起初对自己的未来规划很迷茫。当时她最喜欢跟我说的就是："我不喜欢我现在的工作，可是我也不知道我喜欢什么，我能做什么……"我想开导她，可无论我问她什么，她都只是摇头，她对自己的现状和未来规划毫无头绪。

一番纠结无果之后，周琴决定自己先折腾一番。

她先是辞去了目前的工作，然后按照自己的喜好去找工作。可接连应聘好几个不同的职位后，她才发现很多事情跟她想的不太一样。

比如，当好不容易找到了一份自己还比较满意的工作时，她却因为不喜欢老板对她的压榨、同事之间的钩心斗角，最终辞了职。

再比如，她找了一些靠谱的朋友一起创业，可经过深入了解后，她发现自己的性格并不适合创业，于是又中止了创业的

第五章
我们所有的努力与选择，都该基于对自己的热爱

脚步。

在很长一段时间内，她始终都在折腾着，可奇怪的是，她并没有跟大多数人一样表现出焦虑和不安。相反，她似乎乐在其中。

我不解，问她："现在这种每天充满不确定性的生活是你想要的吗？"

她笑了笑说："我也不知道自己喜不喜欢现在这种生活，但可以肯定的是，我确实不喜欢之前那种安稳的工作和生活，我好像就是想折腾折腾。"

周琴就这样继续折腾着，始终充满着迷茫，也始终是自己一个人。

后来，周琴不知怎么突然喜欢上了旅行，她去考了个导游证，没过多久还真的去旅行团应聘并成功地当上了导游，开始穿梭于全国各地。

如今，她不再迷茫了，她开心地说："或许我骨子里就喜欢这种到处乱跑的不安定的生活吧。"

"周琴"或许不仅仅代表着她一个人，还代表着一个群体和另一种生活方式。其实，每个人的生活都是独一无二的，有人喜欢安稳就有人喜欢折腾。我们无法评判哪一种生活方式更好，但我们必须知道，只要找到适合自己的生活，找到让自己的内心感到平静和舒适的工作，那就是最好的。

4

说起选择适合自己的生活方式，陶渊明的故事一直都影响着我。

陶渊明一生饱读诗书却生活清贫。他在经历人生的波折后，回到田间乡野快乐地做了一个田园诗人。他每天早上出门，晚上回家，在田间耕作时就与邻居聊天干活，一个人时就喝酒看书。他的日子过得十分自在。

在当时的一些人看来，或许陶渊明是一个没有出息的人，可他选择了自己喜欢的生活，觉得满足和快乐，那么他这一生就过得无憾。

在生活中，我们总是被别人强行贴上各种各样的标签：你要做一个什么样的人，你要过怎样的生活，你要变得有钱甚至有权……当我们被这些东西束缚住的时候，我们的灵魂也会被束缚住。

别人终究无法决定你的生活、你的人生。你不必活在别人的眼中、口中，生活是自己选择的，人始终还是要走自己喜欢的那条路，才能获得最大的满足感。否则，即便再光环绕身，你始终也会觉得人生缺了点儿什么。

有人说："镜子很脏的时候，我们并不会误以为是自己的脸脏；那为什么别人随口说出糟糕的话时，我们要觉得糟糕的是我们自己呢？"所以，真正的你是怎样的，你真正想要的生活是怎样的，都是由自己决定的，别人无法阻挡你的身体，也无法阻挡你的灵魂。

  舒适地做自己吧，随心一点儿，你会发现自己更加快乐。

学着静下来，
别让浮躁扰乱你的初心

1

　　创业到了第四年，我的工作内容变得繁杂起来。从最初的文案策划到如今的影视制片、营销推广等，公司的业务变得越来越多，我整天忙得找不着北，却依旧付出和收入不成正比。

　　我停下来问自己："你到底想做一个什么样的公司？"认真审视过自己的内心和工作现状之后，我发现，此刻的我完完全全是心意不定、没有目标的，我想把每一项业务都做好，可每一项业务却又都做得不精。

第五章
我们所有的努力与选择，都该基于对自己的热爱

我开始整日焦虑，生怕自己每天所做的这些工作都是在浪费时间，我害怕会得到一个不确定的未来。

有一天深夜，我又失眠了。先生看我这样，起身拿起了一张纸、一支笔，开始认真地帮我梳理业务。看到他耐心的样子，我的心也突然静了下来，索性不再管夜已多深，和他一起慢慢地梳理。

经过近乎一整夜的分析总结，最终我发现，随着人脉和资源的不断累积，我的初心早已不知被丢到了何处，自然，我也不知道我到底该怎么做，才能带领公司走向一个清晰且光明的未来。我开始给自己规划清晰的业务方向，把几项业务当作公司的核心产品，从此处抓起，让公司的整体工作变得清晰起来。

"眼下有项目做就已经很好了，能做什么就做什么呗，干吗总是担忧一些有的没的。"一些朋友常常如此开导我。可无论是一个人还是一家公司，浮躁敷衍不确定初心，不想清楚未来的发展道路，总有一天会被这个世界淘汰。

2

好友莉莉总问我有没有什么兼职可以做，可像她那样一个静不下心来的人，我不知道有什么工作适合她：坐在办公室，她整天叫嚷着无聊透顶，想要换一份有趣的工作；做销售，她又担心未来前途不明；写文章吧，坐在电脑前不到一个小时就开始感到浑身不自在。这样的她，连自己的本职工作都做不好，又何谈另起副业。

"你说，有没有那种既能快速来钱，又比较轻松的工作？""我觉得这个不错，另一个也不错，你帮我分析分析哪个更好？""听说做微商一个月能赚几十万元，要不我也去做吧？"

被莉莉折腾得无奈的我只好先放下手里的工作。

我拿了几张A4纸递给她，让她写下自己心中能够想到的所有的工作，再让她在每个工作的四周写上所需的时间、薪资要求等一些她自己的期许。

最开始时，莉莉还向我嚷嚷："好麻烦啊，这样弄岂不是要弄很久。"见我表情严肃，她只好闭上嘴巴，强迫自己静下心来去写。

好在莉莉终于还是写好了，她写了满满当当的几页纸。

第五章
我们所有的努力与选择，都该基于对自己的热爱

我指着纸跟她说："当你静下心来分析你就会发现，所谓的副业并不一定比你的本职工作赚得多。其实你做好自己的本职工作本身就是在赚钱了。当你的工作能力变强了，公司不提拔你提拔谁呢？等你的职位上去了，工资又怎么会不相应地有所提高呢？"

莉莉若有所思地点了点头，从此以后爱上了在白纸上写写画画。并且后来一遇到心思浮躁混乱的时候，她都会像那天一样，拿出几张A4纸，静下心去梳理自己的思路。

后来，本就实力不俗的莉莉很快被领导发现了她能迅速静下心来的这个特点，她的升职计划也很顺利地被提上了日程。

仔细想想，如今的我们到底是受到了什么干扰才会变得很难静下心来呢？因素好像有很多：对未来的不确定，对当下的焦虑，对过去的留恋以及初心的消失。如此种种让我们总想赶时间去做更多的事情，可现实是，在当下或者在很长的一段时间内，你只能做好一件事儿。于是，我们的浮躁就这样产生了。但浮躁是没用的，唯有戒掉浮躁，铭记初心，我们才不会迷失自己。

讨好自己，
婉拒一切不开心

3

同样迷失过的人，还有许老师。

许老师读完博士以后成了一名大学老师。比起跟他同龄却早已在各个行业功成名就的同学们来，许老师的人生好像才刚刚起步。

年纪大、经历少、工资不够高……他每天都因为这些感到焦虑，尤其当烦琐的工作一股脑儿地向他涌来时，他则更是感到抓狂：学生们一个接一个的电话，办公桌上仿佛永远堆积如山的处理不完的资料，家里人不断地催婚和由此激发出来的家庭矛盾……他觉得自己每天都在混乱的旋涡中挣扎。更让他感到难过的是，他本以为自己已经够努力了，可还是在教学质量评分时被部分学生打了低分，这不仅让他在同事们面前抬不起头来，还让他遭到了年级主任的训斥。

后来，感觉看不到希望的他对这些渐渐感到麻木了——评分低就低吧，被嘲笑就被嘲笑吧，他打算随心而活。也正因为这种思想上的转变，让他收获了意外之喜。

那天他正在给学生演示一个重要的实验，忙碌中他把一场需要参加的会议给忘记了。等他想起来时，再赶过去已经来不及了，事已至此，他决心不去开那个会了，而是把整个实验过程给学生详细地演示一遍。

心中没有了牵挂的事情,他做起实验来也更加专心。那次的实验完成得很圆满,学生们的评价也出奇的高。课后,他给领导打了一个电话,同时在心里做好了挨骂的准备。可领导只是把会议中很重要的事情转述给了他,并没有提及其他的事情。

他舒了一口气,忽然发现,先专心做好一件事情,然后再去做另一件事情,效率似乎要高很多。此后,许老师便开始实施这种办事策略。比如,等工作做得差不多了再答应父母去和女孩儿相亲,这样他就能静下心来好好去了解对方,不至于内心像长了草一样地坐立难安。很快许老师对工作和生活的处理得心应手了很多。偶尔感觉心乱抓狂的时候,他都会第一时间让自己把心静下来。

心静是一种状态。

心静了,我们的灵魂才会变得自由,看待世界也才会变得更加从容和客观。就像林清玄在《人生最美是清欢》里写的:"以清净心看世界,以欢喜心过生活,以平常心生情味,以柔软心除挂碍。"

4

仔细想想，如今的我们处在怎样的社会环境中？毋庸置疑，它是浮躁的。这个社会越来越鼓励人们要在年少时就功成名就、光环加身，这不能说是错的，却导致越来越多的人为了追求所谓的成功而不择手段，苦寻捷径。

可我们要知道，真正的成功都是需要经过充分的准备、不断的打磨和耐心的等待的。若学不会脚踏实地、静待时机，那我们终有一天会失去原来的方向，走向偏差。

学着静下来吧，别总是把眼光放在外面的世界上，别被外物干扰，试着跟自己的内心多说说话，倾听它原有的声音。

怎样利用空闲时间，决定未来做怎样的自己

1

前不久，我在某大学做了一场小型读书会，读者问我："您最想给大学生的建议是什么？"我回答："一定要学会忙起来。"

大学四年，除了对专业课的学习，我把整颗心都放在了"搞事情"上，所以我几乎把所有的空闲时间都放在了写作和创业上。

大一时，我和我的作者朋友开了一个小型工作室，专接写稿单来赚外快；后来我又认识了一个从事图书出版的老师，通

过做她的助理，我学到了很多有关图书出版的知识；再后来，大四的时候我和几个朋友开了一家文化传媒公司，虽然最后没能发展壮大起来，可这段经历却给了我继续创业的坚定勇气。

去了深圳以后也是如此。哪怕白天工作再忙，我都会尽量多地接一些写稿的兼职，从晚上 10 点奋战到第二天凌晨一两点。那时的我不在乎稿费多少，一切都从锻炼自己出发。

或许正是以上这些原因，后来我的正式创业之路才能够很快步入正轨。

空闲时间就像是专门为我们提升自己所"创造出"的时间，我们选择在这段时间里怎样做自己，决定着未来我们能做什么样的自己。

2

我的好朋友阿水曾工作了很多年，却还是一个外企普通业务员，一直没有得到太大的提升。渐渐地，她对未来感到越来越迷茫，也越来越焦虑，工作激情也不如从前了。直到公司里来了一个年轻的实习生。

那是一个周末，阿水和往常无数个周末一样，醒来已经是

第五章
我们所有的努力与选择，都该基于对自己的热爱

中午12点了。习惯性睁眼第一件事儿就是刷朋友圈的她，正好看见新来的那个实习生发了一条学习打卡的内容，仔细看，学习的内容和工作毫不相关，阿水这才知道，原来这个实习生正在私底下努力提升自己。

阿水顺着实习生的打卡平台深入了解，发现了很多可以自学知识的平台，她很快找到了自己感兴趣的英语口语课程。阿水觉得自己过得太无聊了，或许可以用这个打发一下时间，便果断地报了名。

此后，阿水每天晚上吃完饭就开始跟随课程学习。课程结束以后又认真地完成老师布置的作业。空闲时间被阿水安排得满满当当的，甚至连周末她也要和外教一起连麦交流。起初她在外教面前根本不敢开口说话，好在在外教的悉心引导下，她才渐渐地能够说出来一两句话。半年以后，阿水的口语水平飞速提升，她甚至能颇为流畅地单独和外国人进行交流了。

彼时的阿水哪里知道，不敢说外语、发音不标准正是公司无法给她更高职位的原因。而她利用空闲时间把自己的这个短板给补齐了，再加上自己本就出色的工作能力，公司自然在某个契机为她升了职。

如今，阿水在公司里是一名名副其实的高管，她依旧保持着利用空闲时间学习的习惯。我问她都学些什么，她说："大

概就是从琴棋书画学到诗词歌赋吧。"

人生最怕的就是这样一种对比。当你用下班后的时间熬夜追剧或是打游戏时,已经有人在偷偷地学习新技能;当你在周末一觉睡到下午的时候,已经有人在健身房中挥汗如雨……

俗话说:"一寸光阴一寸金,寸金难买寸光阴。"在这个时代,有太多想要一举成名、一步登天的人,却很少有能静下心来、脚踏实地地利用空闲时间去提升自己短板的人。殊不知,真正的成功往往就是能抓住忽然到来的机会。只有积极地丰富自己、静待时机,才能在机会到来时顺利扬帆。

3

小峰过去曾做着一份清闲且低薪的工作,每天下班之后他都觉得生活无聊至极,于是他尝试参加各种各样的活动来打发时间。他参加的第一个活动便是和朋友们打游戏,可时间久了,他觉得游戏都是一个套路,毫无新意,他慢慢又变得无聊起来了。后来,他还学别人看大型电视连续剧,约朋友出去玩等,可最后都不了了之。

第五章
我们所有的努力与选择，都该基于对自己的热爱

真正让他开始觉得生活有趣的是，他有一天偶然被朋友拉进了一个学画画的群里。

那时，群里每天晚上都会定时发一些绘画课程供大家学习，而许多像小峰一样有本职工作的人都在积极参加。小峰想，反正自己过得无聊，不妨试一试，让他没想到的是，从此他竟然疯狂地爱上了画画，一有时间就窝在家里练习画画。

刚开始小峰画得没有任何章法，每次画完后上传到群里都不免被群友们一顿调侃。可小峰并不懊恼，反而觉得大家说出来的话十分有趣，还总是被逗得哈哈大笑。在他眼里，这不仅帮他打发了空闲时间，还让他学到了新技能，于是他就这样日复一日地坚持了下来。

在"画得猫不像猫，狗不像狗"的调侃声中，小峰的绘画水平飞速提高着，慢慢地他已经能独立创作很多画作了。可他还想要更精进一些，于是利用周末找了专业的学画机构进行系统的学习，他的生活更加忙碌和充实了起来。

而让他真正成为职业插画师的，居然是那时和他不太熟悉的我。

那时，我所在的出版社想找一名插画师绘制儿童图书插画，发出招聘消息后，小峰抱着试一试的心态自告奋勇地报了名。

令人没想到的是，我调研市场后发现，在几名不同的插画

195

师的画作中，小峰的画风竟然是最受欢迎的。从此，小峰的插画师工作顺利地拉开了帷幕。虽然有时候获得的稿费并不高，但小峰却觉得非常开心，他说他很享受这样的感觉，因此也很乐于通过各种渠道去接画稿工作。

如今的小峰早已成了一名勤奋、忙碌又优秀的插画师，他用亲身经历告诉了我利用起空闲时间的重要性。

很多人都曾有过这样的经历：上班或者上学的时候盼望着放假，而等真的放了假又觉得空闲的时间太多太无聊，生活的无趣让很多人根本不知道自己该做些什么，其实在如今，是有很多好玩且值得花时间的东西的，可很多人却总是关起门来窝在家里，总是想不起去把时间花在真正能提升自己的事情上。其实有时候也许仅仅只是研究一下饭菜怎么做或者妆容怎么画这些小事儿，都能给你的人生带来意想不到的惊喜。

4

有太多的人只看得到别人的成功，却看不到别人背后付出的努力，于是他们愤怒、抱怨，埋怨命运不公，想不明白为什么自己不是那个成功的人。可他们从来不知道，当他们安于

第五章
我们所有的努力与选择，都该基于对自己的热爱

享乐的时候，别人却在一刻也不停地努力着。

我们听过很多名人的故事：曾只是个普通木匠的齐白石利用空闲时间画画，最终成了中国知名的绘画大师；原本只把写作当爱好的余华，通过深夜写作，从一名普通的牙医摇身一变成了中国著名的作家；"把别人喝咖啡的工夫用在写作上"的鲁迅更是中国家喻户晓的文坛大家……

没有平白无故的成功，也没有一帆风顺的坦途，唯有在生活的缝隙中一点一滴地积累，才能收获最丰硕的果实。

趁一切都还来得及，让我们一起把空闲时间拿出来一些，用以提升自己吧！

一个人最大的成功，
是按喜欢的方式过一生

1

你想以怎样的方式过这一生？

这个问题我曾问过不少人，其中给我印象最深的是小齐。

小齐是我非常要好的朋友，也是一个愿意把自己的各种想法毫无保留地告诉我的人。

彼时的她因为同事之间陆续形成的小圈子，不得不选择站队。可这就意味着，她要放弃自己的内心所想，被迫去迎合别人，对此她感到非常不舒服。可同事们在划圈子这件事情上，一个比一个内卷，如果她不顺从，最终只能被孤立。

曾经刚入职场的我也像小齐一样，因为这类事儿陷入过痛苦之中。我融不进别人的圈子，却又渴望在他乡能找到抱团取暖的人。毫无意外，现实给了我狠狠一耳光。

我怀疑、委屈，甚至恨自己为何无法"卷起来"。可当我平静下来，真正地去审视内心的真实需求时，我才发现，"人际内卷"的真正可怕之处在于当它成为一种心照不宣的规则时，被迫从众就像病毒一样，无限繁殖，你不得不因为害怕和别人不一样而加入其阵营。

事实上，当我们做了违心的选择之后，我们并不会感到快乐，甚至会在一次又一次的妥协中难受得坐立难安。

想想看，每天违心地笑，违心地生活，这真的是你想要的吗？毛姆早在《月亮与六便士》里就给了我们关于人生的答案：一个人最大的成功，是按照自己喜欢的方式过一生。它能使我们在充满挑战的世界里，满含希望又百折不挠。

2

我的身边有个一直在"卷"的姑娘，她叫罗琳。

别人插花她插花，别人练字她练字，别人跑步她跑步，别人买奢侈品，她也不管自己当下的生活状态和干瘪的钱包，负债累累也要跟着干。

她这些不太高级的模仿一度让她的男友气愤不已："你这是一种攀比行为！"罗琳很坚决地否定："如果不这样的话，我怎么和她们打成一片！"

就这样，两个人因为不断累积的矛盾，最终分了手。分手以后，罗琳很长一段时间都觉得自己委屈极了，她始终想不通自己错在哪里，直到身边单身的同事、朋友都开导她："单身多好啊，想做什么就做，自由自在没人管。"

罗琳一听，觉得很有道理，便开始跟着一群同事去各种高档场所消费。月薪几千的她，很快成了月光族、负债族，每到月底都为了还信用卡而焦头烂额。最后她不得不在各种利诱下借了还不起的高利贷。

她说："身边朋友都这么借，没事儿，我还年轻，慢慢赚钱还就行！"

半年之后，罗琳得了严重的胃病，并且因为长期晚上组团打游戏、睡眠不足，整个人落下了很多病根儿，不仅工作上被领导穿小鞋，同事们也重新建了新的圈子，渐渐疏远了她。

我去看她时，她情绪非常差，一个人孤单地躺在床上，呆愣地盯着天花板。

见我来，她开口第一句话是："我感觉自己要得抑郁症了。

人怎么才能过自己想要的生活呢?"

我回答她:"先做到不从众。"罗琳却说:"我不敢,我不从众,就会被排挤,生活会越来越糟糕。"我摇摇头:"生活是自己的,我们不该活在别人的一张嘴里。"罗琳叹了口气,便转移了话题。

许久之后,我又在朋友圈里看见了罗琳发的一条动态,那是一张酒吧昏暗灯光里的高脚杯,上面配的文字是:"这样的生活是我想要的吗?"

看着她的微信头像,我陷入了久久的沉思。

一个人,到底要怎样才能明白,生活是自己的,按照自己喜欢的方式过一生,是一件多么令人舒爽的事情。

可有的人时常走着走着就忘记了自己的初心,甚至为了能让自己被别人接纳或认可,便盲目地跟随着别人的行为和方式去生活。这般不考虑自身现状的做法,最终会让其生活失去原本的轨道,陷入无限的痛苦中无法挣脱。

生活,有时很简单。找到我们内心真正想要的,活出自己的态度,你孤独的勇敢,将会成为你最好的助力。

3

比起罗琳，我很喜欢大昌那种与众不同的生活方式。

和我同一年毕业的他，在大部分人都规规矩矩地上班的时候，已经开起了书店。可当他真正了解市场后，才发现实体书并没有他想象的那么好卖。

为了生存下去，他便独辟蹊径，做起了短视频书籍营销的博主，把自己的实体店一下子搬到了网上，这样不仅减少了成本支出，还把销售额提高了不少。后来随着越来越多大博主的入驻，大昌所在的书籍营销领域产生了极大的市场竞争，为了把店铺更好地运营下去，他不得不采取更独特的方式去卖书。

我那时正在做新媒体，大昌也曾因这些迷茫来问过我。后来，我们俩花了一晚上的时间做了一个策划案，他不仅在策划案中加入了很多新鲜花样儿，还不断地对我重复："要做得与众不同一些。"

没过多久，策划案就被大昌一个点一个点地落实了下去。并且他为了试验这样的方式是否可行，还找了一家出版社合作，与对方签下协议，保证自己在约定时间内售卖多少本书。

结果出乎意料的好。

第五章
我们所有的努力与选择，都该基于对自己的热爱

那场直播之后，大昌的"粉丝"不仅成倍地增加，销量也超出了预期。后来他的这个事迹也被业内的人当作案例去教学员。可大昌并没有因此而沾沾自喜，他依旧不断地换着花样儿去做自己的店铺，力求一直保持在"与众不同"的前沿。

如今，越来越多的出版方想跟大昌合作，但他却突然放慢了步伐，开始变着花样儿给自己的生活加料，让生活过得有滋有味。用他的话来说就是："累了就睡觉，醒了就工作，不忙的时候还可以到处走走，体会体会人间难得的风景。"

对此，我羡慕极了，大昌却觉得只是每个人内心的选择不一样而已。当你选择奋斗，就意味着你要牺牲掉很大一部分休闲生活；当你选择生活，就意味着你可能只有很少的精力去工作。可无论是哪种选择，只要是内心所向，你就成功了第一步。

人生说简单点儿就是如此，越是幸福的人，越明白自己想要的是什么。当目标明确之后，我们才能真正专心地走好一条直线上升的路。

不可否认，有钱又有快乐的生活，谁都羡慕。可事实上，太多模仿别人生活的人，最后大多没有过上自己想要的生活。活着，不是为了让你去从众，而是在了解别人的生活之后，让自己更明白心中想要的。正如"三百六十行，行行出状元"一样，只要你肯发现，就一定可以活出不一样的自己。

4

曾经我在看《肖申克的救赎》时,对其中的一句话印象深刻:"有些鸟儿注定是不会被关在牢笼里的,因为它们的每一片羽毛都闪耀着自由的光辉。"这句话在那时的我看来,好像是鼓励着人们走出去。如今再细细一品,我发现或许它更是在鼓励人们要按照自己喜欢的方式去过一生。

现在的人,总是很容易被短视频中那些随心所欲地活着的人打动,例如:有的对于养花别出心裁,有的对于做饭花样百出,有的说出的话句句都是段子、处处点睛。而回到现实生活中,他们却宁愿整天通过短视频去观望别人的生活,也不愿在自己的生活里往前迈一步。

综观这些人,我们会发现,按照自己的内心活着真的太棒了。自己过自己的生活,自己在自己的世界里去追寻想要的光亮。你拥有自己的态度,也拥有自己的高度,你是你自己的,也为你自己而活着。

作家伍绮诗曾经在书中写道:"我们终此一生,就是要摆脱他人的期待,找到真正的自己。"所以活在自己的期待里,才是生活真正的意义。

就像我认识的一个做记者的朋友一样,他对自己的期待就是用笔真正写出社会底层人的心声。于是他跋山涉水,哪怕耗费一个月的时间去撰写一篇稿子,他都要尽心尽力地把人们心中所想告诉社会。

很多人不理解他的执着,可正是因为这样,他改变了很多贫困儿童的生活,也让社会真正关注到了需要关心的人。

这就是他这样一个普通到只想按照自己的喜好活着的人的故事。

活着,真的不必在意别人的排挤,保持正确的三观,做一个善良的人,去寻找自己喜欢的生活方式,哪怕孤独,你也能在这渺小而短暂的一生中闪闪发光。而后你才能真正体会到成功后的美妙。

大胆些,迈开步子,找到真正属于自己的钥匙,为你的一生开启那扇正确的门,活成自己喜欢的样子。

这样的你,才是全世界真正羡慕的模样。

在自己的世界里，
我们有权利让自己成为主角

1

朋友介绍了一对画家夫妻给我认识，说这对夫妻很不一般，让我给他们策划一次生活类的视频拍摄。

为了更好地为他们服务，我顺便带了另一位编剧和摄影师前往。一坐下，我们的摄影师便开始对他们进行指导："我觉得二位可以为自己做一些比较有特点的人设定位，现在比较流行这样做。"

话还没说完，画家夫妻便赶走了我身边一直叨叨个不停的摄影师，他们跟我和另一位编剧解释说："我们都是普通人，只是努力在做自己喜欢的事情。买一个小院子，有两三个好友，在自己亲手打造的家里过着惬意而愉快的生活，这对我们来说已经很知足了。很多人觉得我们是画家，有多么了不起，其实那些都是虚名，我们不过是一对普通的夫妻。"

虽然画家夫妻一直强调自己是普通人，可他们的生活却跟大众认知里普通人的生活很不一样。

他们一年只画两三幅画，画完后只送给懂得欣赏的人；其余时间养养花、种种菜、做做手工和雕花，在远离喧嚣的山野里悠然快乐地生活。一壶茶、两个人，日子就在每天慢条斯理的生活里缓缓流逝，平淡而温馨……

谁说只有轰轰烈烈地干出一番事业才算是不枉此生，城市化的快速发展常常让很多人忘记了——人终其一生其实都是为了自己的日子在努力。

作家毛姆曾说过："我用尽了全力，过着平凡的一生。"当你把自己看成普通人，你会发现为了做这个普通人，你已经付出了一生；为了做好这个普通人，你还要付出所有。所以能好好地当个普通人已经很难了，大多数人的烦恼都是因为过于高看了自己，为了摆脱"普通人"的身份而浪费了一生。

2

我儿时的玩伴小俞如今给了我很大的震撼。

小俞的家境不是很好,父母没办法供他上大学,他也不喜欢读书,于是随大溜去广东打工。好在他幸运地在广东找到了一个愿意带他学做木工的师傅,他便跟着师傅学了一身的本领。那时虽然每个月都很累,但活儿多的时候,他的工资能达上万元。那几年他的生活常态是:每年过年都带着大大小小的礼品浩浩荡荡地回老家,然后在初七或初八又带着家里人给他准备的各类吃食和地方特产浩浩荡荡地返回广东工作。而如今他却选择留在了老家务农、养猪,跟老婆孩子过着一家三口其乐融融的生活。

小俞笑着对我说:"我现在虽然是一个普通的农民,但是我可以用自己的一双手养活一家人,并且还能把生活过得很滋润,我觉得自己已经很不错了。"

这句话在别人听来,可能会觉得小俞是一个很自满的人,可只有了解小俞过去的人才明白这句话在他心中的分量。

在农村长大的小俞,刚满18岁就被迫离家前往一个陌生的城市打拼。当时没有一技之长的他干过无数的脏活儿、累活儿,有时候为了填饱肚子甚至会去工地搬砖。谁又知道,这样的小俞在孩提时代也是一个向往长大之后当科学家的人啊。

如今的小俞告诉我，他现在每天在属于自己的一片田地里忙得不亦乐乎，每天能和他心爱的人一起养他们的小猪，这样的生活看起来简单，甚至很多人可能会不屑，可他自己是很满足的。经历过太多人生起伏的他明白自己最想要的是什么，也许这一切在世俗人眼中颇显不堪，可他终归拥有了自己喜欢的生活。

星星有星星的亮，太阳有太阳的光，也许一个人看起来很平凡，但这并不代表他不是一个成功的人。我们对成功的定义永远不应该仅仅局限在一个人要做出怎样的丰功伟绩上，而是要看他一生有没有为自己想要的生活奋不顾身过，毕竟平凡并不等于失败。

3

小伟曾经也是一个很不爱学习的人。他身上唯一的优点在我看来可能就是很会聊天，这让他人脉很广，做起事儿来总能得到很多的助力。

讨好自己，
婉拒一切不开心

因此，当听说大学即将毕业的小伟想创业时，我毫不意外。可让我没想到的是，跟很多人雄心勃勃地想要创立大公司的想法不同，小伟选择了为学校的学弟学妹和老师服务。

他先是靠着自己庞大的人脉做起了失物招领、书籍转售这类跟师生们的日常生活息息相关的业务。接着他又拓宽业务范围，开始在自己的平台上帮助学生解决各种各样的烦恼。

不出意外，小伟很快成了学校师生眼里的红人。随着他的"粉丝"越来越多，他以自己的学长形象为基础，创立了自己的品牌，并且利用这个品牌在学校外面开了一家文具店，把自己最初的网络平台转化成了实体店，继续为师生提供帮助，比如帮大家跑腿代购、送快递等。后来，小伟又开起了火锅店，他店里的菜品物美价廉，给他捧场的学生也很多。他的店里从不缺生意。学校曾经想要报道他的事迹，他却说："我没什么特别的，我只是一个普通人。"

一个人如果能在他平凡的岗位上闪闪发光，那他比我们口中的那些明星、伟人又差了多少呢？

我们没有办法用外在的东西去衡量一个人的高度，我们也没有办法知道现在站在我们面前的那个看起来可能很落魄的人，在未来的某一天是否会有很好的发展或者很好的人生。

曾听说过一句话："能活下来的人都是厉害的人。"人生就好比翻越一座又一座的山，你以为你翻过了这座山就能看到美好的未来，但其实你翻过这座山，还有下一座山在等着你去翻。能活下来，活得快乐，实属不易。

4

很多故事里的主人公总是能在遭遇各种挫折之后，从困境里走出来，带着自己的乐观和勇气完成走向完美人生的蜕变。于是我们在年少的时候也怀着这种憧憬，总以为自己也是生活的主角，在面对困难的时候，我们以为只要带着乐观和勇气就能完成胜利的蜕变。

我们觉得生存是一件轻而易举的事情，特别是当我们发现父母在艰难的生活里还总能对我们报以微笑的时候。我们对爱情也怀着同样的憧憬，会认为无论怎样、无论等多久，那个爱我们的人终会在某一天，某一个我们没有在意的时刻，飘然到来。

可生活并不是童话，有时候甚至跟童话有着天壤之别。

我们很多时候并不是故事的主角，也完成不了成为主角的逆袭。事实很残酷，也很扎心，但我们不得不承认，在这复杂的人世间，我们渺小如蝼蚁，我们很难成为人们心中的救世主，也很可能在自己的一生里无论等多久都遇不到那个对的人。

好在也许这就是生活给我们上的最真实的一课。它让我们不要好高骛远，不要总是抱着侥幸心理去生活；它告诉我们应该脚踏实地，用自己的努力和汗水去铸造梦想的城堡。在那里，我们有足够的权利让自己成为主角。

当把日子过得有滋有味时，你才会明白，能做一个普通人，已经足够幸运。

图书在版编目（CIP）数据

讨好自己，婉拒一切不开心 / 辛岁寒著. — 北京：文化发展出版社，2023.6
ISBN 978-7-5142-4001-6

Ⅰ．①讨… Ⅱ．①辛… Ⅲ．①情绪－自我控制－通俗读物 Ⅳ．①B842.6-49

中国国家版本馆CIP数据核字(2023)第109285号

讨好自己，婉拒一切不开心

著　　者：辛岁寒

出 版 人：宋　娜	责任印制：杨　骏
责任编辑：孙豆豆	责任校对：岳智勇
特约编辑：监美静	封面设计：尚世视觉

出版发行：文化发展出版社（北京市翠微路2号 邮编：100036）
网　　址：www.wenhuafazhan.com
经　　销：全国新华书店
印　　刷：天津鑫旭阳印刷有限公司

开　本：880mm×1230mm　1/32
字　数：124千字
印　张：7
版　次：2023年8月第1版
印　次：2023年8月第1次印刷

定　价：49.80元
ISBN：978-7-5142-4001-6

◆ 如有印装质量问题，请电话联系：010-68567015